単位が取れる 電磁気学ノート

橋元淳一郎

講談社サイエンティフィク

まえがき

　大学初年度で学ぶ物理において，力学と電磁気学は主要な2本柱であるが，力学が高校物理の延長のような印象を受けるのに対して，電磁気学は，なんだかとっつきにくく，高校物理とはずいぶん異なっていると感じられている学生さんも多いのではなかろうか。
　このような印象は，半分は正しく，半分は間違っている。
　間違っている点からいえば，電磁気学の基本法則のほとんどは高校物理に登場しており，大学で新しく加わる基本法則はさほど多くはないのである。それゆえ，大事なことは，まず高校レベルの電磁気学をしっかりと学んでおくことである（たとえば，拙著『物理・橋元流解法の大原則』などを参照して頂きたい）。
　それでは，なぜ高校物理とまるで異なる印象を受けるのかといえば，理由は2つあって，

①電磁気学は，複雑だが美しい1つの体系をなしている。大学のテキストは，その複雑さを単純化し，美しい体系として見せることを意識して書かれている。ところが，全体を見通せていない初心者には，それがかえって難しく見えるのである。
②法則の表現をできるだけ単純化し美しく見せるために，微積分やベクトル解析といった数学の手法をふんだんに活用している。

　以上のようなことだから，大学における電磁気学を自家薬籠中の物とするには，上の2つに留意すればよい。
　すなわち，まず最初に学ぶときには，枝葉末節にこだわらず，つねに電磁気学全体を見通すよう意識することである。講義1において，「電磁気学の学び方」を提示したのは，おもにそのためである。
　次に，微積分やベクトル解析の知識は，避けて通ることができない。

ところが，多くの電磁気学のテキストは，この部分を数学のテキストに委ねてしまっており，一方で，数学のテキストは物理的イメージ抜きでこれらの数学を解説するものだから，学生諸君は，どこにもそれらの丁寧な解説を見出せないでいる。それが，これらの数学を難しく見せている原因なのである。

　本書では，付録「やさしい数学の手引き」において，ベクトル解析を中心に詳しい解説をつけておいた。ぜひ，この付録を理解できるまで何度も読み返してほしい。本文にも書いたが，それによって，電磁気学の学習の3分の1くらいは済んだようなものなのである。

　なお，本書は，理学・工学を問わず，電磁気学の基礎的事項の解説を主眼においているので，回路の問題や磁性体などの応用的事項についてはあえてふれなかった。必要に応じて専門書にあたって頂きたい。

　また，『力学ノート』同様，要所要所に，問，演習問題および実習問題を配置しておいたので，ぜひ鉛筆をとって，自ら図を描き，数式を書き下してほしい。そのようにして本書を通読されれば，まず間違いなく電磁気学が面白くなり，単位も容易に取れるようになるであろう。

　最後に，本書の企画から編集まで終始お世話になった講談社サイエンティフィクの三浦基広氏に心より感謝の意を表します。

2003年1月

神戸・御影にて
橋元淳一郎

目次

単位が取れる電磁気学ノート
CONTENTS

			PAGE
講義	01	電磁気学の学び方	6
講義	02	クーロンの法則とガウスの法則	18
講義	03	電位	34
講義	04	導体	50
講義	05	コンデンサーと静電エネルギー	70
講義	06	誘電体	88

			PAGE
講義	**07**	定常電流と磁場	108
講義	**08**	ローレンツ力	138
講義	**09**	変化する電磁場 ――変位電流と電磁誘導――	156
講義	**10**	マクスウェルの 方程式と電磁波	188
付録		やさしい数学の手引き	210

ブックデザイン――**安田あたる**

講義 LECTURE 01 電磁気学の学び方

　講義をはじめるに先立ち，まず電磁気学全体を通じて押さえておくべきポイントを列挙しておこう。その理由は，まえがきに述べた通り，電磁気学を楽しく学ぶためには，電磁気学の体系全体を把握しておく必要があるからである。

　このような心構えひとつで，難しそうに見える電磁気学が，「けっこうやさしい，けっこう面白い」ということになるのである。

●クーロンの法則と万有引力の法則

　高校の物理を一通り学んだ人は，電磁気学の出発点であるクーロンの法則が，力学の万有引力の法則と非常によく似ていることを知っておられるであろう。

図1-1●万有引力とクーロン力

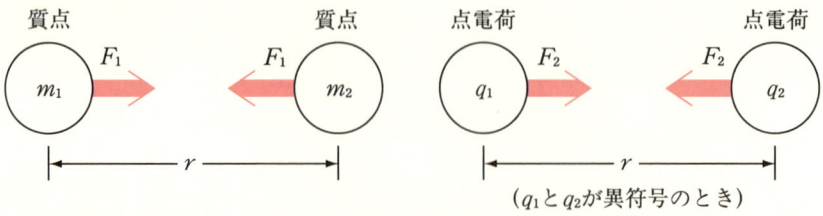

（q_1とq_2が異符号のとき）

　万有引力の法則は次のようなものである。質量 m_1, m_2 の 2 つの質点が，距離 r だけ離れて存在するとき，この 2 つの質点間に働く万有引力の大きさは，

$$F = G\frac{m_1 m_2}{r^2}$$

　一方，電気量 q_1, q_2 の 2 つの点電荷が，距離 r だけ離れて存在すると

き，この2つの点電荷に働くクーロン力(静電気力)の大きさは，

$$F = k\frac{q_1 q_2}{r^2}$$

である。

　この類似は，もちろん偶然ではないだろう。この2つの法則がいっていることは，重力と電気力は自然のしくみとして同じ構造をしているということである。であるから，いちばん最初に押さえておきたいポイントは，万有引力の物理学と電気力の物理学は，本来，同じ形式で書くことができるはずだということである。

　にもかかわらず，力学のテキストの万有引力の法則の章と，電磁気学のテキストの中身は，似ても似つかないものになっている(位置エネルギーと電位など，似ているところもあるが)。このことを，なぜだ？と思うところから，電磁気学のプレーがはじまるのである。

　じつは，現代の物理学の最先端においてすら，重力と電気力は統一されていない。非常に似ているにもかかわらず，2つの力のギャップは想像を超えて大きいのである。しかし，そういうレベルではなく，大学教養レベルの物理学としては，重力と電磁気力は同じ形式で書くことが可能なのである(そんなことをしている本は1冊もないが)。

　万有引力と電気力の記述形式が違う理由は，もちろん，似ているにもかかわらず，決定的に違っている点もあるからである(ただし，この違いはあくまで数量的なものである。何度も強調するが，法則としての形はまったく同じである)。

　まず，我々人間の尺度で測ると，万有引力はきわめて小さな力であるのに対して，電気力はきわめて大きな力である。

　質量の単位をキログラム，電気量の単位をクーロンとした場合，それぞれの力の比例定数の大きさは，おおよそ，

$$G = 6.7 \times 10^{-11}\,[\mathrm{N \cdot m^2 / kg^2}]$$
$$k = 9.0 \times 10^{9}\,[\mathrm{N \cdot m^2 / C^2}]$$

である。単位系の取り方によって，この値はどのようにも変わるから，絶対的なものと考えてはいけないが，とりあえずそのまま比較すれば，

20桁も違う。

図1-2

万有引力は小さすぎて検知できない。

わずかな電気でも破壊的である。

　現実の生活において，我々は自分の体重をしっかりと把握できるが，それは万有引力の相手が地球という巨大な天体だからである。いかに巨漢であっても，2人のプロレスラーの間に働く万有引力など，検知のしようもない。

　それに対して，電気力は巨大である。地上と雲の間にあるわずかな電気でさえ，雷のはげしいエネルギーを誘発する。20桁の違いはこうして実感できるだろう。

　万有引力と電気力を記述する形式の決定的な違いは，このあまりに大きい力の差に由来するのである（あとで述べる磁気作用はその典型である）。

●この世は電気でできている

　万有引力と電気力の2番目の大きな違いは，電気にはプラスとマイナスがあるという点である。プラスとマイナスの電気は引き合い，プラスとプラス，マイナスとマイナスでは反発し合うということは，もちろん周知の事実である。すなわち，万有引力には文字通り引力しかないが，電気力には引力と斥力がある。

　このことが，我々の生活を豊かなものにしている。我々の周りで起こるさまざまな日常的現象は，生命現象や化学反応をその筆頭として，ほとんどすべて電気力の結果である。

　それでは，そのような現象を引き起こす電気の正体は何なのか。このことは，ぜひ知っておいて頂きたい。

図1-3●原子の構造(電子1個の場合は，水素原子)。

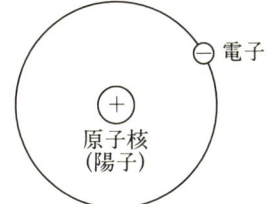

原子核の＋と電子の－は
完全に打ち消し合う。
(本当は，電子は原子核の周りに
 雲のように拡がって存在する。)

　高校物理で，すべての物質は原子でできていること，またその原子がプラスの電気をもった**原子核**とマイナスの電気をもった**電子**からなることを学ばれたであろう。
　我々の身の周りで起こる電気現象は，すべて，この原子核のプラスと電子のマイナスの電気が引き起こすものである(とくに電子の方が重要である)。
　通常，原子核のプラスと電子のマイナスの電気量の大きさはぴったり同じなので(同じでないものがイオンである)，1個の原子を離れたところから見ると，プラス・マイナス・ゼロで電気をもつようには見えない。これが，電気力がとほうもない大きさなのに，日々の生活で我々がそのような破壊的な力に出会わず平和に暮らせる理由である(雷はそのわずかなずれで生じる)。
　それゆえ，本書で登場する点電荷というものは，具体的には電子や原子核の構成要素である**陽子**(あるいはプラスイオン)を想像しておけばよい。電気とは，それ以上でも以下でもない，電子や陽子そのものなのである。
　ちなみに，電子や陽子1個がもつ電気量の大きさは(**電気素量**と呼ばれるが)，おおよそ 1.6×10^{-19} [C] である。

●「場」という考え方に慣れよう

　電気にはプラスとマイナスがあること，また重力と比べて桁はずれに大きな力であることが，電磁気現象の記述に「場」という独特の考え方をもちこんだ。
　高校物理では，クーロンの法則から電界というものを定義する。つまり，クーロンの法則における2つの点電荷の一方を +1 クーロンとし，

その +1 クーロンの点電荷が他方から受ける力を電界 E としたのだった。

$$E = k\frac{q}{r^2}$$

この「**電界**」のことを，基礎物理では「**電場**」と呼ぶ。もちろん，電場と電界はまったく同じものである。どちらを使うかは，たんなる習慣にすぎない。

さて，クーロンの法則ですべてが言い尽くされているはずなのに，なぜ電場というものをわざわざ定義するのであろうか？

それは次のような事情による。

クーロンの法則だけを見ていると，電気力は(重力と同じく)**遠隔力**であるように見える。つまり，2つの点電荷は，間に何も介さずに，瞬時に力を及ぼし合う。さらにいえば，1つの点電荷があるだけでは，クーロン力はどこにも見えてこない。2つ以上の点電荷があって，はじめて力が生じるのである。

図1-4

遠隔力
間に何も媒介せず，瞬時に力を及ぼし合う。

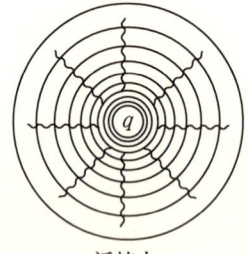
近接力
何かが時間をかけて伝わっていく = 場

しかし，本書の最後の方で分かることであるが，本当は電気力は(そして重力も)，何かが順次伝播していく**近接力**なのである。ということは，たとえ真空中であったとしても，点電荷が存在すると，その周囲には力を伝播させる「何か」が存在しなければならないことになる。(真実が何であるかは神のみぞ知ることであるが)その力を伝播させる「何か」を，一般に「**場**」と呼ぶことにするのである。クーロン力によって生じる場は**電場**であり，このあと述べる電流によって生じる場は**磁場**である。

実用面からいっても，場という考え方は便利である。電気力の場合，

プラスの電気かマイナスの電気かで，働く力の向きがまったく逆になるから，たとえばエネルギーを記述するときにも，その都度，プラスかマイナスかを配慮しなければならない。それに対して，ある点電荷はその周囲にこれこれの電位をつくるとしておけば，プラス・マイナスをいちいち考えなくてよい。

こうして，電磁気学からはじまった場という考え方は次第に一般的になり，現代の物理学では，**場の理論**こそが物理の土台と考えられているのである。

●磁気とは何かを明確にイメージしておこう

磁気は不思議な現象である。1831年にファラデーが電磁誘導の法則を発見するまでは，電流が磁場をつくることは知られていたが，電気力と磁気力の本質的な関係はよく分からなかった。にもかかわらず，電気力と磁気力には似たところがあり(たとえば電気の＋，－に対し，磁気にはS, Nがあるように)，2つの力には何らかの関係があるように見えた。

このような電気力に対する磁気力の存在は，万有引力の法則には見られない。そしてそのことが，電磁気学を複雑なものにしている最大の理由でもある。

図1-5●電磁気学をつくり完成させた人々(その他多数)。

クーロン　　ファラデー　　マクスウェル　　アインシュタイン

1864年，電磁気現象はマクスウェルによって完璧に統一され，今日でも100パーセント通用する見事な体系として輝いているが，それでもなお，重力現象と対応しないなぞは残ったままであった。

磁気現象のなぞが完全に解かれたのは，1905年のアインシュタインの**相対性理論**によってであった。一言でいえば，磁気現象は，電気力の相対論的効果の結果なのである。

相対性理論とは，静止している座標系に対して運動している座標系では，時間と空間の尺度が異なってくるという理論である。力やエネルギーといった物理量は，すべて時間と空間の次元を含んでいるから，運動する座標系ではすべての物理量を見直さなければならなくなる。

　それゆえ，ニュートンの運動方程式も万有引力の法則も，厳密にいえば相対性理論に則って書き直されなければならない。しかし，我々の日常生活では，運動する物体の速さは，光速に比べて十分遅いので，これらの修正が必要ないのである。光速に近い粒子や，ブラックホールのような強い重力を扱うときにはじめて相対論的力学を適用することになる。

　一方，電気力での相対論的効果はどうであるかというと，基本法則の形はまったく同じであるにもかかわらず，電気力が巨大な力であるということと，引力と斥力の両方があるという事実によって，我々の日常の中にその効果が現れてくるのである。

　たとえば，電流の流れていない2本の導線を近づけても，その間にいかなる力も観測することはできない。それは，導線の中には莫大な電気量が存在するにもかかわらず，原子のスケールにおいて，そのプラスとマイナスが打ち消し合っているため，クーロン力の合計が0となってしまうからである。

　ところが，いったん導線に電流が流れはじめると，この2本の導線は引っ張り合ったり退け合ったりする磁気力を受ける。それは，導線の中のプラスの電気である原子核は静止しているが，マイナスの電子が電流として移動するからである。つまり，運動している電子は（光速に比べて十分に遅いにもかかわらず），運動するというそのことによって，相対論的に修正されたクーロン力を及ぼすからである。

　じつは，相対性理論は，電磁気学を母体として生まれた理論なのである。それゆえ，マクスウェルの電磁気理論は，ニュートン力学と違って，相対論的修正を加える必要がない。磁気現象を取り込むことによって，最初から相対論的効果が織り込まれているからである。

　以上のポイントを押さえておけば，電気力と磁気力の違いを，すっきりしたイメージで捉えることができるだろう。

> すべての電荷は　→　電場をつくる。
> すべての電荷は　→　電場から力を受ける(クーロン力)。

> 動く電荷(電流)だけが　→　磁場をつくる。
> 動く電荷だけが　　　　→　磁場から力を受ける(ローレンツ力)。

　これが，電磁気学の基本である。残された重要な法則は，電場と磁場の相互作用を扱う電磁誘導の法則だけ，といってよいだろう。

　たとえば，上の表現を拡大して，

> 時間的に変化する電場が　→　磁場をつくる。
> 時間的に変化する磁場が　→　電場をつくる。

などということができる。

　以上が電磁気学のすべてである，といっても過言ではないのである。

●クーロンの法則からはじめるか，マクスウェルの方程式からはじめるか

　電磁気学のテキストは，たいてい，クーロンの法則からはじまる。それは歴史的な発展を追うことでもあり，初心者にとって，身近な静電気現象をイメージできるし，万有引力との類似もあるし，といったことで学びやすいからである。

　しかし，少数派ながら，マクスウェルの方程式からはじまるテキストもある。

　歴史的に見て，クーロンの法則が電磁気学の出発点であるなら，マクスウェルの方程式は電磁気学の終点(完成)である。だから，終点からはじめる方法には無理があるのはとうぜんなのだが，なぜあえてそのような方法をとるのかといえば，上で述べた電気と磁気の見事な相対論的体系をイメージするには，マクスウェルの方程式が好都合だからである。

　本書は，多数の例にならって，クーロンの法則からはじめるのだが，そうした歴史的発展をたどりながら，マクスウェルの方程式を書ける準備ができた段階で，適宜，紹介していくことになるだろう。たとえば，さっそく次の講義 2 では，クーロンの法則から出発して，$\mathrm{div}\boldsymbol{E}=\rho/\varepsilon_0$ と

いうマクスウェルの方程式の1つにたどりつくことになるだろう。

　なぜそうするかといえば，もちろん，電磁気学の全体的体系をつねに念頭においておいて頂きたいからである。

　それゆえ，初心者は，マクスウェルの方程式にびびらないでほしい。それを使って難しい計算をしようというのではない。マクスウェルの方程式は，電磁気学の道標なのである。この短いが奇妙な数式の道標を目にしたら，電磁気学という旅の全体を想起して，自然界の絶妙な風景に想いをはせてほしいのである。

●ぜひとも必要な数学の習得

　とはいえ，マクスウェルの方程式は，数学的記述である。この数式を解く必要はないものの，その物理的意味をはっきりイメージしておくことは，ぜひとも必要である。

　思うに，大学で物理を学んで最初に，さすが大学の物理だなぁと感動するのは，この電磁気学に登場するいくつかの数学と，その物理的イメージが，自分の頭の中で合体するときではなかろうか。

　最初はちょっとしんどい旅ではあるが，その旅を一通りこなしてその意味を理解したとき，おそらく知的興奮を覚えない人はいないであろう。

　多くのテキストでは，このもっとも重要な数学の旅が，ほとんどないがしろにされている。つまり，これは数学であって物理ではないから，数学の授業の中で勉強しておきなさい，と突き放されているのである。

　しかし，これらの数学は，物理的イメージという衣を着けたとき，はじめて輝いて見えるのである（数学ではなく，物理学の立場からいえば）。

　そこで，本書では付録「やさしい数学の手引き」として，巻末にかなり詳しく解説をしておいた。初心者は，ぜひ，この手引きを何度も読み返してほしい。そうすれば，これらの数学を構築した先人たちの知的悦びを共有できることだろう。そして，その段階で，電磁気学の勉強の1/3くらいは突破したといえるかもしれない。

●単位系の考え方

　最後に，電磁気学を複雑に見せている単位系のことにふれておこう。
　この複雑さこそ，まさに見せかけであって，電磁気学の本質では決してない。そのことをまず肝に銘じておこう。あえて暴言を述べれば，最初は単位のことなど意識しなくてよい。単位系の泥沼に落ち込んで，イヤダッと放り投げるよりは，その方がずっとましである。
　電磁気学には，独特の単位が多数登場する。クーロン，ボルト，アンペア，オーム，ファラッド，ウェーバー，テスラ，ヘンリー，などなど……。しかし，電磁気学のすべての単位は，メートル，キログラム，秒という力学の基本単位に，あと1つだけを加えれば必ず表せるのである。その1つを**SI単位系**では**アンペア**としているが，それは便宜上のことである。
　まず，磁気現象を学ぶまでは，**クーロン**を基準に考えるのが，もっとも分かりやすいであろう。常識的に考えて，電気量が電磁気学の基本となるのはとうぜんである。
　磁場は，動く電気，すなわち電流がつくるものだから，磁気現象については電流の単位であるアンペアを中心に考えると分かりやすい（磁場の単位は，アンペア／メートルである）。しかし，磁場による力は，力学との関係上，ニュートンを使わざるを得ないから，いわばアンペアとニュートンとを結ぶ単位として，**ウェーバー**という磁束の単位が登場することとなる。
　以上のことをとりあえず頭に入れておいて，あとは新しい単位が登場するたびに，「ああ，そうですか」と適当に相づちをうっておけばよいだろう。
　電磁気学の学び方（あるいは教え方）は，千差万別である。すべてを厳密に学ばなければ（教えなければ），誤解をまねくという意見ももっともである。しかし，厳密さを強制されるあまり物理嫌いになるよりは，まずはシンプルに考えて，自然の不思議さ，面白さを感じることの方が大事ではなかろうか。本書は一貫してそういう立場に立っている。

演習問題 1-1 水素原子は，正の電気素量をもつ陽子と負の電気素量をもつ電子からなる。これらの陽子と電子の間に働く静電気力の大きさはいくらか。また，その大きさは陽子と電子の間に働く万有引力の何倍か。ただし，電気素量の大きさを 1.6×10^{-19} [C]，陽子の質量を 1.7×10^{-27} [kg]，電子の質量を 9.1×10^{-31} [kg]，電子の軌道半径を 5.3×10^{-11} [m]，クーロン力の比例定数を 9.0×10^{9} [N·m²/C²]，万有引力定数を 6.7×10^{-11} [N·m²/kg²] とせよ。

解答＆解説

図1-6 水素原子

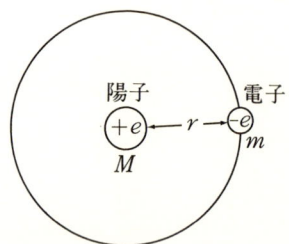

陽子と電子の電荷の大きさを e，電子の軌道半径を r，クーロンの比例定数を k とすれば，陽子と電子の間に働くクーロン力の大きさ F_1 は，

$$F_1 = k\frac{e^2}{r^2}$$

$$= 9.0\times10^{9} \times \frac{(1.6\times10^{-19})^2}{(5.3\times10^{-11})^2}$$

$$= 9.0\times10^{9} \times \frac{2.56\times10^{-38}}{28.1\times10^{-22}}$$

$$= 8.2\times10^{-8} \text{ [N]} \quad \cdots\cdots \text{(答)}$$

陽子の質量を M，電子の質量を m，万有引力の比例定数を G とすれば，陽子と電子の間に働く万有引力の大きさ F_2 は，

$$F_2 = G\frac{Mm}{r^2}$$

よって，

$$\frac{F_1}{F_2} = \frac{ke^2}{GMm}$$

$$= \frac{9.0 \times 10^9 \times (1.6 \times 10^{-19})^2}{6.7 \times 10^{-11} \times 1.7 \times 10^{-27} \times 9.1 \times 10^{-31}}$$

$$= \frac{9.0 \times 2.56}{6.7 \times 1.7 \times 9.1} \times 10^{40}$$

$$= 2.2 \times 10^{39} \text{ 倍} \quad \cdots\cdots(答)$$

講義 LECTURE 02 クーロンの法則とガウスの法則

　電流や磁場が存在しない，いわゆる静電気のみの基本法則は，唯一，**クーロンの法則**だけであるといってよい（もちろん，これ以外に，運動方程式や作用・反作用の法則，力のベクトル的な重ね合わせといった力学的法則は，暗黙のうちに了解事項になっているのだが）。

　そこで我々も，オーソドックスにクーロンの法則から出発することにしよう。

　ただし，大学で学ぶ電磁気学では，クーロンの法則は最初に登場するだけで，次第に形を変えたものになっていく。それはちょうど，1人の赤ん坊が一人前の大人に成長していくような変化である。つまり，見た目は違うが，同じ人間(法則)の成長なのだという，そこのところをつねに念頭においておかないと，力学と比べて電磁気学はややこしい，ということになるのである。混乱してきたときは，つねにクーロンの法則に立ち戻ることを心しておこう。

●クーロンの法則

　さて，クーロンの法則は，高校物理ですでにおなじみであるが，2つの**点電荷**の間にどんな力が働くかを示す法則である。

　なお，電気量の単位は，SI単位系では，法則の発見者にちなんで「**クーロン**」[C]を用いる。講義1で見たように，電磁気学の基本単位は電流の「**アンペア**」[A]であるが，当面は「クーロン」を基本単位としておこう。つまり，力学で登場した

　　「メートル」「キログラム」「秒」の3つの基本単位に加えて，「クーロン」を用いれば，電磁気学におけるすべての物理量が表現できる

ということである。

図2-1 ●静電気力（斥力は同符号のとき）

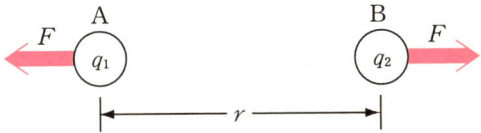

電気量 q_1 の点電荷 A と電気量 q_2 の点電荷 B が，距離 r だけ離れて存在するとき，A と B の間に働くクーロン力（静電気力）の大きさ F は，高校物理の表現を用いれば，

$$F = k\frac{q_1 q_2}{r^2}$$

である。比例定数 k は，講義1で見たように，SI単位系では，90億！[Nm²/C²] というとんでもなく大きな値である。

さて，上のクーロンの法則の表現は，たいへんすっきりしているが，後々のことを考えて，少し変形することにしよう（いよいよ赤ん坊の成長のはじまりである）。

まず，k を $1/4\pi\varepsilon_0$ と置き換える。$1/4\pi$ にする理由は，すぐに明らかになる。それに対して $1/\varepsilon_0$ にする理由は，「やむをえず」ということにしておこう。じっさい SI 単位系でない単位系をとれば，ε_0 を1としてしまうことも可能なのである。当面は，「クーロン」という電気量を「ニュートン」という力学的な力と結びつけるための便宜的な定数としておく。この定数 ε_0 には，**真空の誘電率**という変な名前がついているが，その意味は講義6で明らかとなる。

k もまた便宜的な定数のように見えるが，じつは90億という値は，真空中の光の速さを c として，厳密に $10^{-7} \times c^2$ である。この「ナゾ」は，講義10の電磁波のところで明らかになるだろう。

もう1つの変形は，法則をベクトル表現にするための手段である。電磁気学においては，力学以上に，物理量を3次元の空間の中でイメージすることが重要になる。そのために，手段とはいえ，ベクトルで表現された数式に慣れておくことにしよう。

図2-2●BからAに向かう位置ベクトルを r とすると。

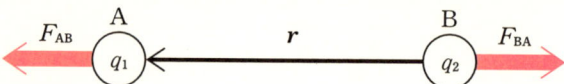

いま,点電荷Bから点電荷Aに向かう位置ベクトルを r, AがBから受けるクーロン力を F_{AB}, BがAから受けるクーロン力を F_{BA} とすれば,

$$F_{AB} = \frac{1}{4\pi\varepsilon_0}\frac{q_1 q_2}{r^3}r$$

である(力の向きが r 方向であることを示すために,ベクトル r をつけたので,分母が r^3 になっている。最初の表現に比べると,あまり「きれい」とはいえないが,やむをえない。こういう「きれい」ではない式を見て,頭の中では「きれいな」法則をイメージするのも物理の勉強のうちである)。

$F_{AB} = -F_{BA}$ であるが,これはもちろん,**作用・反作用の法則が電気力においても成立している**ことを意味する。

●電場

さて,講義1の考え方にしたがって,クーロンの法則から**電場**へと進むことにしよう。

場はじっさいに目にすることはできないから,そのイメージは人さまざまである。本書では,できるだけ直感に訴えられるよう,力線(電場なら電気力線,磁場なら磁力線)のイメージを採用することにする(リチャード・ファインマンは,数式そのものでイメージするのがよいとアドバイスしているのだが……)。

図2-3●電気力線のイメージ(放射状に描いているが,本当は球対称)。

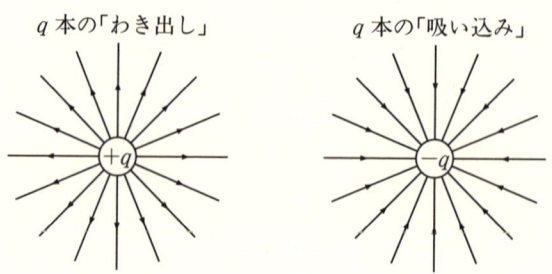

さて、1つの点電荷から「わき出す」(+の点電荷としておく。-の点電荷なら、「わき出す」を「吸い込まれる」と置き換えればよい)電気力線の本数は、その点電荷がもっている電気量に比例することはいうまでもないだろう。問題は、1クーロンの電荷から何本の電気力線が出ているかであるが、そもそも電気力線自体が架空のものだから、これは定義次第ということになる。

そこで、まずは分かりやすく、1クーロンで1本と決めてみよう。

とはいえ、1本の電気力線を球対称には描けないから、1クーロンの点電荷であっても、そこから無数の電気力線の束が出ている様子をイメージしなければならない。たとえば1万本出ている場合、その1万本を、あらためて1万円札を1枚と数えるように、1本と数えることにすればよい。

図2-4

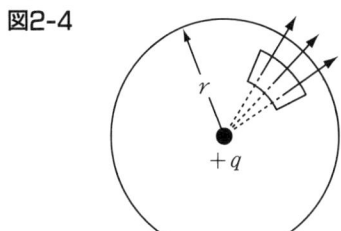

表面積 $4\pi r^2$ から q 本出ているから、その密度は $\dfrac{q}{4\pi r^2}$。

このように定義すると、$q(>0)[\mathrm{C}]$ の電気量をもった点電荷からは、q 本の電気力線が出ている(わき出している)ことになる。ここで、この点電荷を中心とした半径 r の球面を考えよう。この球面の表面積は $4\pi r^2$ であるから、この球面上での電気力線の密度(これを D とする)は、

$$D = \frac{q}{4\pi r^2}$$

となる。これも直感的なイメージであるが、電気力線の密度が大きいということは電場が強いということであり、ひいてはそこにある点電荷をもってきたときに働くクーロン力が大きいということであろう。すなわち、電場の強さは電気力線の密度に比例するとしよう。電場の方向は、むろん、電気力線の方向である。

そこで、上の D の式をベクトルで表現すると、

$$\boldsymbol{D} = \frac{q}{4\pi r^2}\boldsymbol{n}$$

講義02 ●クーロンの法則とガウスの法則

図2-5● 電場は電気力線の密度に比例

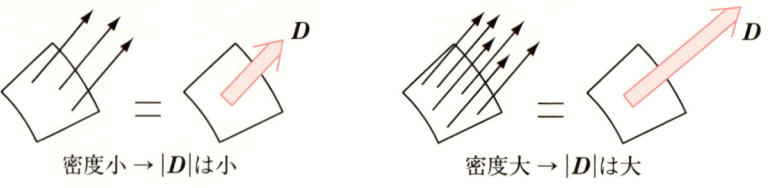

図2-6● 球の中心から外側に向かう単位ベクトル

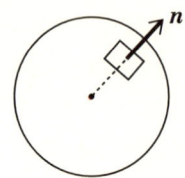

となる。ただし，n は球の中心から外側に向かう（法線方向）の単位ベクトルである（つまり，この式の右辺の読み取り方は，大きさが $q/4\pi r^2$ で，その向きが n の方向であるベクトルということである）。

　じつは，上で示した D は，電磁気学で正式に「認知」されている物理量で，**電束密度**と呼ばれる（電場とはいわない）。電気力線を**電束**と呼べば，その密度だから，電束密度ということになる。

　ここで，電束密度の式を，クーロンの法則から定義した電場（電界）の式と比較してみよう（クーロンの法則で，片方の点電荷を＋1クーロンとする）。k を $1/4\pi\varepsilon_0$ とし，ベクトル表現をすれば，

$$E = \frac{q}{4\pi\varepsilon_0 r^2} n$$

つまり，E と D は，$1/\varepsilon_0$ の違いを除けばまったく同じ式である。クーロンの法則の係数に $1/4\pi$ をつけた意味がお分かりであろう。クーロン力が $1/r^2$ に比例するとは，$1/4\pi r^2$ に比例するということであり，それは球対称の場であるという意味を含んでいるのである。

　さて，$1/\varepsilon_0$ の違いは，便宜的なものにすぎない。電場 E は，力ニュートンと結びつかねばならないから（単位は [N/C]），ニュートンとクーロンを結ぶ何らかの比例定数がつくのはやむをえない。それに対して，電束密度はたんに電気力線（正確には，電束）の密度 [C/m^2] だから，$1/\varepsilon_0$ など不要なのである。

我々は当面，真空中での電場の様子だけを考えていく。このとき，E と D の違いをあえて意識する必要はない（もちろん，$1/\varepsilon_0$ だけの違いは忘れてはならないが）。E と D の差が現実問題となってくるのは，電場が真空ではなく誘電体の内部にあるような場合である。このとき，電場 E と電束密度 D は単純な比例関係ではすまなくなってくる。これは，ミクロの自然法則を求める物理学というよりは，マクロの物質の性質を調べるいわば工学的応用である。本書では，そこまでは立ち入らず，E と D の違いについてあまり悩まないことにしよう。

　そこで結論であるが，本書では電場を E で表し，それを便宜的なイメージとして電気力線の密度とする。ただし，**電気量 q の点電荷から生じる電気力線の本数を**（単位のつじつまを合わせるために）**q/ε_0 本だとしておこう**。

　このようにして，もう一度，電場の式を書いておくと，

$$E = \frac{q}{4\pi\varepsilon_0 r^2} n$$

　この式は，最初に提示されたクーロンの法則と異なるものではなく，クーロンの法則の「成長」した姿だと認識しておこう。

● ガウスの法則

　点電荷のつくる電場のイメージから，次のことは直感的に明らかである。

図2-7● 電荷 q を囲む閉曲面から出る電気力線の本数は，閉曲面の形にかかわらずつねに q/ε_0。

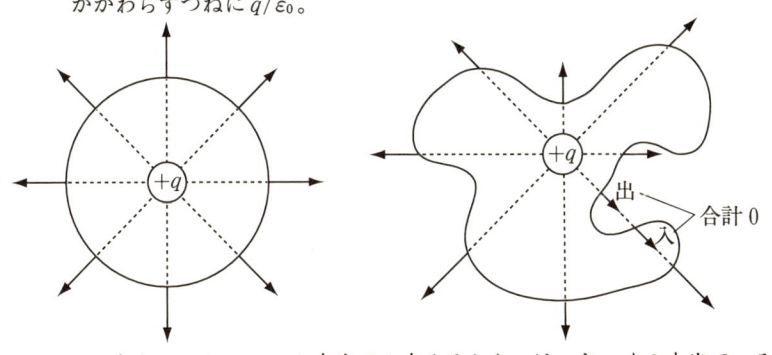

8本出ている。　　9本出て1本入るから，けっきょく8本出ている。

> 点電荷を囲む球面を通って出ていく(入ってくる)電気力線の本数は，点電荷のもつ電気量($\div \varepsilon_0$)に等しい。

さらにいえば，点電荷を囲む面は，球面でなく，閉曲面であればどんな形でもよいことは明らかである(図2-7)(もっといえば，点電荷でなくてもよい)。

ただし，直感的にはこれで十分であるが，この関係を式で表すときには，ちょっと注意しなければならない。

図2-8●面が斜めになっていると，電気力線が通過する実質的な面積は$dS\cos\theta$となる。すなわちその本数は$\boldsymbol{E}\cdot\boldsymbol{n}\,dS$。

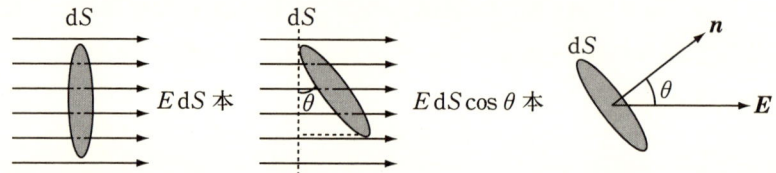

電気力線が面を直角に通過するときには，その本数は「電場(電気力線の密度)×面積」でよいが，斜めに通過するときには，図のように実質的な通過面積は$dS\cos\theta$となっている。つまり，面に対する単位法線ベクトル$\boldsymbol{n}$を用いて，$\boldsymbol{E}\cdot\boldsymbol{n}\,dS(=E\,dS\cos\theta)$としなければならない。

これを式で書けば，

$$\int_S \boldsymbol{E}\cdot\boldsymbol{n}\,dS = \frac{q}{\varepsilon_0}$$

これを**ガウスの法則**という。

ここまでくると，式の形はクーロンの法則と似ても似つかないが，それでもこの式はクーロンの法則と同じことを主張している。つまり，クーロンの法則の成長した姿なのである。

さて，次のステップに進むには，巻末の付録「やさしい数学の手引き」を熟読して頂かねばならない。大学の電磁気学の1つの大きな山場である。しかし，腰をすえて，これらの数学をいったん納得してしまえば，あとは形式的な慣れの問題となるだろう。たとえば，高校で微分の考え方を勉強したあと，その基本に帰らずとも，x^2の微分係数を形式的に$2x$とできるようなものである。

数学の手引きで示した**ガウスの定理**(ガウスの法則とは違って、たんなる数学公式である)によって、上の式の左辺は、

$$\int_S \bm{E} \cdot \bm{n}\, \mathrm{d}S = \int_V \mathrm{div}\, \bm{E}\, \mathrm{d}V$$

となる。

「やさしい数学の手引き」にも書いておいたが、上式を難しくとらえてはいけない。念のため、この式の「読み方」を示しておこう。左辺のイメージは、閉曲面 S から発散していく $\bm{E}$ を足し合わせたものである。右辺の $\mathrm{div}\, \bm{E}$ は単なる記号なのだが、$\mathrm{div}\, \bm{E} \times$ 体積 V が右辺と等しいということだから、「体積 V の空間の表面から発散していく $\bm{E}$ の合計は、$\mathrm{div}\, \bm{E} \times$ 体積 V と表せる」ということである。それゆえ、$\mathrm{div}\, \bm{E}$ を「発散」と呼ぶのである。

$\mathrm{div}\, \bm{E}$ は具体的には、

$$\mathrm{div}\, \bm{E} = \frac{\partial E_x}{\partial x} + \frac{\partial E_y}{\partial y} + \frac{\partial E_z}{\partial z}$$

という偏微分であるが、そのイメージは前述のように電気力線の「わき出し」、すなわち**発散**である。左辺の積分が、電荷 q を取り囲む大きな閉曲面を想定しているのに対して、右辺の積分の中身である $\mathrm{div}\, \bm{E}$ は微小体積 $\mathrm{d}V$ を想定している。

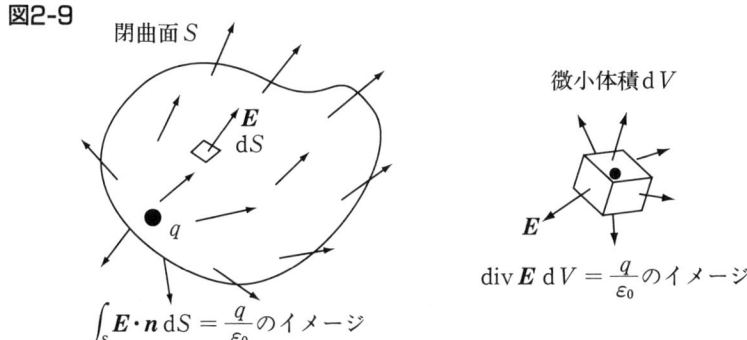

図2-9　閉曲面S　　微小体積$\mathrm{d}V$

$\int_S \bm{E} \cdot \bm{n}\, \mathrm{d}S = \dfrac{q}{\varepsilon_0}$ のイメージ　　$\mathrm{div}\, \bm{E}\, \mathrm{d}V = \dfrac{q}{\varepsilon_0}$ のイメージ

そこで、空間の微小な領域 $\mathrm{d}V$ で、電場の式(ひいてはクーロンの法則)がどうなっているかといえば、

$$\mathrm{div}\, \bm{E}\, \mathrm{d}V = \frac{q}{\varepsilon_0}$$

である。$q/\mathrm{d}V$ は、その微小な領域に存在する電荷の密度 [C/m³] であるから、それを ρ と書けば、

$$\mathrm{div}\,\boldsymbol{E} = \frac{\rho}{\varepsilon_0}$$

これこそが、講義1で紹介したマクスウェルの方程式の1つに他ならない。この式を見てイメージすべきことは、微小な体積の中に密度 ρ の電気量があれば、その周囲に ρ/ε_0 本の電気力線 E が発散しているということである。

この式は、電束密度 $\boldsymbol{D}$ を用いて、

$$\mathrm{div}\,\boldsymbol{D} = \rho$$

と書いても同じことである（見た目には、よりすっきりする）。

もう一度まとめれば、

クーロンの法則 → 電場の式 → ガウスの法則 → $\mathrm{div}\,\boldsymbol{E} = \dfrac{\rho}{\varepsilon_0}$

は、別々のものではなく、同じ法則の形を変えた「成長」だということである。

とはいえ、未知の電場を求めるのに、$\mathrm{div}\,\boldsymbol{E}$ の式はほとんど役に立たない。たとえば、電荷が存在しない空間の電場を求める方程式は、

$$\frac{\partial E_x}{\partial x} + \frac{\partial E_y}{\partial y} + \frac{\partial E_z}{\partial z} = 0$$

であるが、何の条件もなしに、この偏微分方程式を解くことはできない（未知数が3つあるのに、式は1つしかない。そもそも、この式が主張していることは、微小な空間に出入りする電気力線の本数に増減がないという、あたりまえのことだけである）。この式の利用価値が出てくるのは、マクスウェルの他の方程式とのからみによってなのである。

図2-10 (a), (b), (c)のどれもが $\mathrm{div}\,\boldsymbol{E} = 0$ の解である。つまり、$\boldsymbol{E}$ の具体的な値を求めるのに、$\mathrm{div}\,\boldsymbol{E}$ はあまり役に立たない。

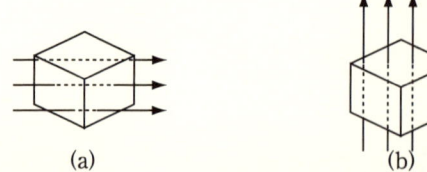
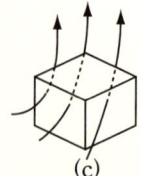

それに対して、ガウスの法則はなかなか利用価値がある。未知の電場を求めるとき、電場の式から直接求めるには積分計算が必要である。しかし、電場の対称性などが分かっている場合、ガウスの法則がすこぶる威力を発揮する（実習問題2-1）。

演習問題 2-1

真空中の $x=+l/2(l>0)$ に電気量 $q(>0)$ の点電荷が，また，$x=-l/2$ に電気量 $-q$ の点電荷が固定されている。$x=L(>0)$ の点 A におけるこの 2 つの点電荷の合成電場の大きさはいくらか。ただし，真空の誘電率を ε_0 とし，L は l より十分大きいとして近似計算せよ。

図2-11

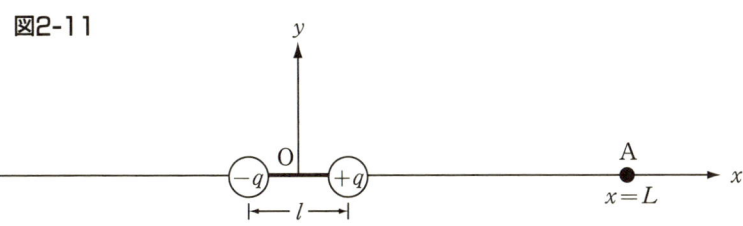

解答 & 解説

図2-12

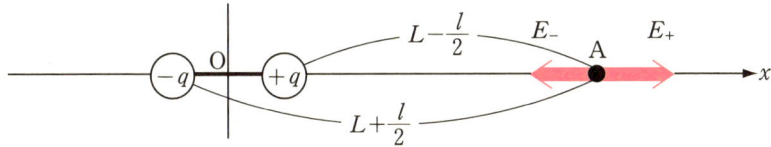

　＋の点電荷が点 A につくる電場の向きは x の正方向，－の点電荷が点 A につくる電場の向きは x の負方向であり，その大きさをそれぞれ E_+，E_- とすると，

$$E_+ = \frac{1}{4\pi\varepsilon_0}\frac{q}{\left(L-\frac{1}{2}l\right)^2}$$

$$E_- = \frac{1}{4\pi\varepsilon_0}\frac{q}{\left(L+\frac{1}{2}l\right)^2}$$

である。L が正であれば，＋の点電荷の方が点 A に近いから，$E_+ > E_-$ であり，合成電場は x の正方向を向く。そして，その大きさ E は，

講義02 ● クーロンの法則とガウスの法則　27

$$E_+ - E_- = \frac{q}{4\pi\varepsilon_0}\left\{\frac{1}{\left(L-\frac{1}{2}l\right)^2} - \frac{1}{\left(L+\frac{1}{2}l\right)^2}\right\}$$

ここで，L は l より十分大きいということより，近似計算をおこなうが，その方法は高校物理で登場する近似計算とまったく同様である。(1＋小さい量)とするため，$1/L^2$ をまずくくり出す。

$$= \frac{q}{4\pi\varepsilon_0 L^2}\left\{\left(1-\frac{l}{2L}\right)^{-2} - \left(1+\frac{l}{2L}\right)^{-2}\right\}$$

ここで，「$(1+小さい量)^n \fallingdotseq 1+n\times 小さい量$」を用いて，

$$\fallingdotseq \frac{q}{4\pi\varepsilon_0 L^2}\left\{\left(1+\frac{l}{L}\right) - \left(1-\frac{l}{L}\right)\right\}$$

$$= \frac{q}{4\pi\varepsilon_0 L^2}\frac{2l}{L}$$

$$= \frac{ql}{2\pi\varepsilon_0 L^3} \quad \cdots\cdots(答) \qquad\qquad ◆$$

このように，短い距離をおいて固定された大きさの等しいプラスとマイナスの点電荷を，**電気双極子**と呼ぶ。電気双極子が(遠方に)つくる電場は，上のように ql/L^3 の形になるが，この ql をこの電気双極子の**双極子モーメント**と呼ぶ。

図2-13● 電気双極子の力のモーメントの大きさは $qE\times\frac{l}{2}+qE\times\frac{l}{2}=qlE$ である。

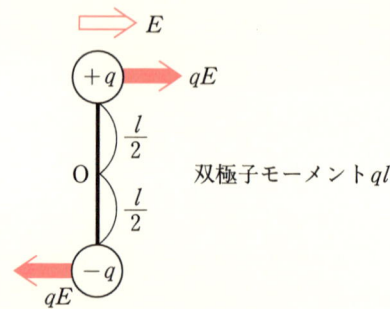

じっさい，この電気双極子を電場の中に置くと，力学の力のモーメントの定義(力×腕の長さ)にしたがって，ql に比例するモーメントが生じる。分極した分子など，自然界には電気双極子とみなせる現象が多いので，双極子モーメントは，たいへん重要な概念である。

実習問題 2-1 真空中の無限に伸びる直線の上に線密度 $\sigma(>0)$ の電荷が一様に分布している。このとき，この直線電荷はその周囲にどのような電場をつくるか。ただし，真空の誘電率を ε_0 とせよ。

図2-14

解答&解説 電荷の分布する直線を z 軸として，座標軸 x-y-z をとると，この直線電荷の周囲にできる電場は，その対称性から直感的に，x-y 平面上にあって，z 軸から放射状に放出していることが分かるであろう。

図2-15●電気力線は z 軸を中心に放射状に出る。

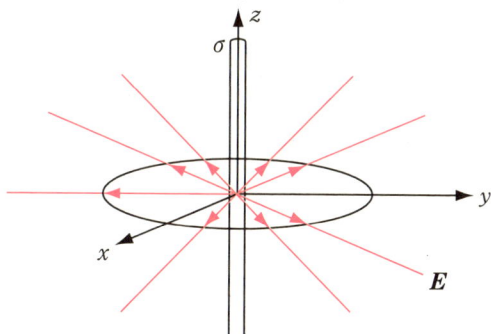

このような対称性があるときには，ガウスの法則を使って電場を求めるのがもっとも簡単である。

図2-16●半径 r，高さ dz の円筒にガウスの法則を適用する。

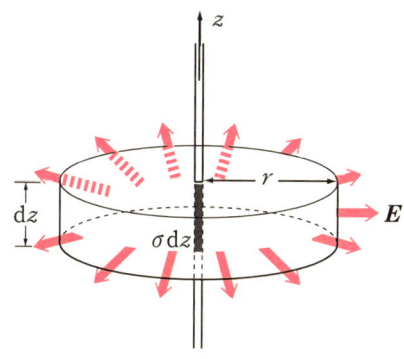

いま，図のように，z 軸方向に高さ dz で，z 軸を中心にした半径 r の円筒を考えよう。そうすると，この円筒の上面と下面からは電場は出ておらず，円筒の周囲のリングからは，どこも同じ大きさで，方向は円筒面に垂直な電場が出ているであろう。

また，この円筒の内部に存在する電気量は，いうまでもなく σdz である。

以上のことから，この円筒で囲まれた閉曲面にガウスの法則を適用すれば，

$$\int_S \boldsymbol{E} \cdot \boldsymbol{n}\, dS = E \times \boxed{\text{(a)}}$$

└─ リングの部分の面積

であるから，

$$E \times \boxed{\text{(a)}} = \boxed{\text{(b)}}$$

よって，

$$E = \boxed{\text{(c)}} \quad \cdots\cdots（答）\quad ◆$$

はじめてこの解答を見られた方は，ガウスの法則を用いれば，電場は円筒の内部にある電荷だけで計算でき，外部の電荷の影響は受けないはずなのに，外側の電荷の形状をわざわざ上下に無限に伸びる直線としていることを奇妙に思われるかもしれない。しかし，たとえば，もし上下に伸びる電荷が直線ではなく曲がっていたり，あるいはまったくなかったりすれば，電場の z 成分が生じたり，半径 r の円周上の電場の大きさが違ってきたりして，仮定していた対称性が破れることになる。つまり，円筒の外側に上下に無限に伸びる電荷は，仮定した対称性を保証するためにぜひとも必要なのである。

別解 この問題を，クーロンの法則の電場の式から求めることにしよう。

$$E = \frac{q}{4\pi\varepsilon_0 r^2}$$

は，点電荷のつくる電場の式だから，直線電荷にこの式を適用するには，点電荷とみなせる微小な断片をとって，それを積分しなければならない。

....

(a) $2\pi r\, dz$ (b) $\dfrac{\sigma\, dz}{\varepsilon_0}$ (c) $\dfrac{\sigma}{2\pi r\varepsilon_0}$

図2-17

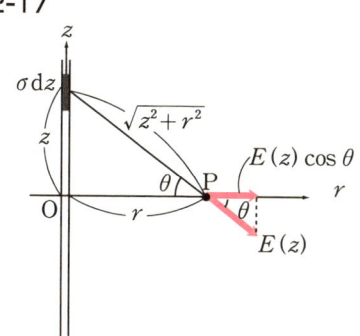
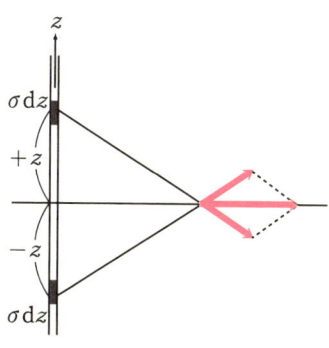

$+z$ 側と $-z$ 側の電荷によって，電場の z 成分は打ち消される。

そこで図のように，座標 z の位置に微小な断片 dz をとると，この断片（電気量は σdz）が図の点 $P(OP=r)$（慣例にしたがえば，OP 間の長さは $\overline{OP}$ と表記すべきであるが，本書ではバーは省略する。）につくる電場は，図の $E(z)$ である。

ここで直線電荷の対称性を考えれば，点 P における電場（の合計）は，z 軸に垂直で，r の外側の方向を向くことは明らかだから，図の $E(z)$ の r 方向成分である $E(z)\cos\theta$ だけを考えればよい。つまり，$E(z)$ の z 方向成分は，z 軸のプラス側とマイナス側の微小断片同士で打ち消し合うからである。さらに，積分は z 軸のプラス方向に 0 から ∞ までを計算し，それを 2 倍しておけばよい（もちろん，$-\infty$ から $+\infty$ としても同じ）。

さて，この微小な断片の電荷が点 P につくる電場は，

$$E(z) = \frac{1}{4\pi\varepsilon_0}\frac{\sigma\,dz}{z^2+r^2}$$

だから，それらを積分した全電場の大きさ E は，

$$E = 2\int_0^\infty E(z)\cos\theta\,dz$$
$$= 2\int_0^\infty \frac{1}{4\pi\varepsilon_0}\frac{\sigma\cos\theta\,dz}{z^2+r^2}$$

あとはたんなる積分計算であるが，この機会に積分の練習もしておこう。

σ/4πε₀ はもちろん定数であるが，cos θ は，z が変化すれば変化する。すなわち，$\cos\theta = r/\sqrt{z^2+r^2}$ と置き換えて，全体を z で積分することになる。

　この積分は，高等数学としては初歩的な部類に入るが，それでもこの計算をスラスラできるのは，よほど数学の得意な人であろう。答えを出すだけなら，数学公式集から，この形の式を探せばよい。しかし，それではいつまでたっても積分コンプレックスを脱せない。公式を暗記せずとも，納得ずくでできる積分計算法を，ここで紹介しておこう。

　まず，角 θ が変化するような積分では，x-y-z 座標ではなく極座標を用いる方がスマートである（たとえば『力学ノート』151 ページ参照）。そこで，cos θ は残しておいて，微小な変数を dz から dθ に置き換えることを考えよう。

図2-18● 微分による近似を使って，dz と dθ の関係を求める。

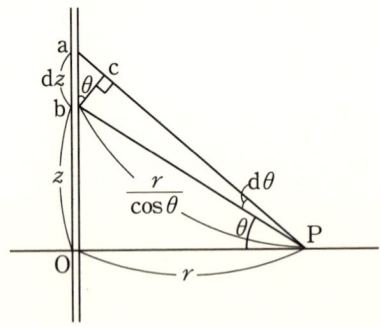

　まず，図より，考えている dz と点 P の距離は，

$$\sqrt{z^2+r^2} = \frac{r}{\cos\theta}$$

である。

$$bc = \sqrt{z^2+r^2}\,d\theta = \frac{r}{\cos\theta}d\theta$$

　（dθ が小さいから，bc を半径 Pb，角 dθ の円弧とみなしている。）

　また，図の dz を斜辺とする小さな直角三角形 abc において，∠abc=θ だから（bc は Pb に比べて非常に小さいから，∠bcP=∠cbP=90°とみなしている），

$$dz = \frac{bc}{\cos\theta} = \frac{r}{\cos^2\theta}\,d\theta$$

積分範囲についていえば，$z=0$ のとき $\theta=0$ で，z が大きくなるにつれて θ も大きくなり，$z\to\infty$ で $\theta\to\pi/2$ となる。

以上のように，微分の意味を捉えて図を描けば，公式を丸暗記する必要などまるでない。これで変数 z をすべて θ に置き換えることができたから，

$$E = 2\frac{\sigma}{4\pi\varepsilon_0}\int_0^{\frac{\pi}{2}}\cos\theta\left(\frac{\cos\theta}{r}\right)^2\frac{r}{\cos^2\theta}\,d\theta$$
$$= \frac{\sigma}{2\pi\varepsilon_0 r}\int_0^{\frac{\pi}{2}}\cos\theta\,d\theta$$

けっきょく，$\cos\theta$ の積分という簡単な式になるから，

$$= \frac{\sigma}{2\pi r\varepsilon_0}\Big[\sin\theta\Big]_0^{\frac{\pi}{2}}$$
$$= \frac{\sigma}{2\pi r\varepsilon_0}\quad\cdots\cdots(答)\quad◆$$

この解法は，積分計算の練習としては申し分ないが，ガウスの法則による解法に比べれば，はなはだ面倒なことは明らかである。

《教訓》対称的な電場を求めるのは，ガウスの法則にかぎる。

LECTURE 03 電位

　我々はすでに，万有引力における位置エネルギー（ポテンシャル・エネルギー）というものを知っている。講義1で用いた記号をそのまま使えば，万有引力の位置エネルギー U は，

$$U = -G\frac{m_1 m_2}{r}$$

である（『力学ノート』101～103ページ参照）。

図3-1●万有引力の位置エネルギー

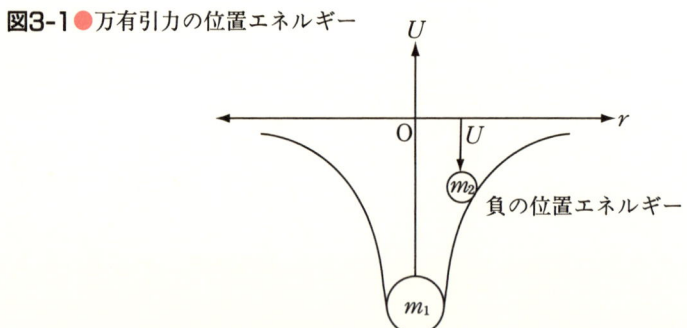

　符号のマイナスは便宜的なものではあるが，力が引力であることをイメージするのに都合がよい。つまり，図のようにマイナス方向にへこんだすり鉢の形状は，その上にパチンコ玉を置けば，力の中心へ向かって引かれていく様子がすぐにイメージできる。

　万有引力と同じ形式で書かれるクーロン力にも，まったく同じ位置エネルギー U が定義できるであろう。すなわち，

$$U = k\frac{q_1 q_2}{r}$$

　ここで，全体にマイナスの符号をつけていないのは，電気力には引力と斥力があるからである。q_1 と q_2 の電気量を符号も込みで記すことにしておけば，q_1 と q_2 が異符号なら $q_1 q_2$ はマイナス，同符号ならプラス

で，引力と斥力の両方を表すことができる。

しかし，我々は講義1，2で見たように，クーロンの法則を電場という考え方で捉えることにしたわけだから，点電荷の一方を +1 クーロンとし（さらにはその点電荷を取ってしまって），q クーロンの点電荷がその周りにつくる（+1 クーロンあたりの）位置エネルギーを考えることにしよう。それが**電位**である。

図3-2●クーロン力の電位

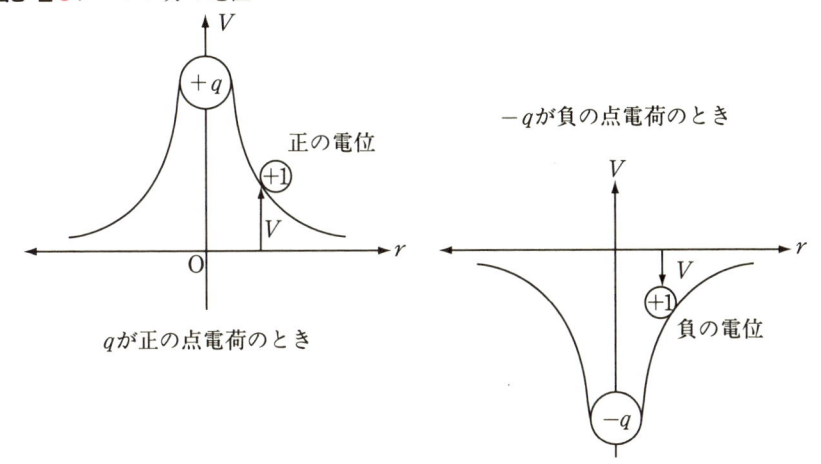

qが正の点電荷のとき　正の電位

$-q$が負の点電荷のとき　負の電位

電位を V で表し，さらに定数などを講義2で使った表記にすれば，

$$V = \frac{1}{4\pi\varepsilon_0}\frac{q}{r}$$

電位の単位は，その定義から [J/C] である。

●なぜ電位なのか

さて，静電気力の話は，クーロンの法則，あるいは電場の考え方で言い尽くされているのに，なぜ電位というものを考えるのであろうか。

力，あるいは電場は，方向をもったベクトルである。それゆえ，空間のある点の電場を求めるということは，スカラー的には3つの未知数を求めるということに等しく，とうぜんのことながら計算がはなはだ面倒になる（div$\bm{E}$ が，未知数3つを含む解けない方程式であったことを想起しよう）。

それに対して，電位はスカラー量であり，空間の各点の電位が与えられていると，電場は(3次元的な曲面である)電位の傾きとして求められるのである(問1参照)。そうすると，理屈の上からは，電場を直接求めるよりは，まず電位を求め，その傾斜(微分)から電場を求めた方が計算が簡単だということになる(とはいえじっさいは，電場と電位のどちらを先に求めた方が簡単かは，個々の問題による)。

問1 点電荷のつくる電位 V および電場 E を，点電荷からの距離 r の1次元の関数で表すとき，電位 V と電場 E の間にはどのような関係があるか。

解答 $E = -\dfrac{dV}{dr}$

図3-3 ● 電位の傾きが電場を表す。

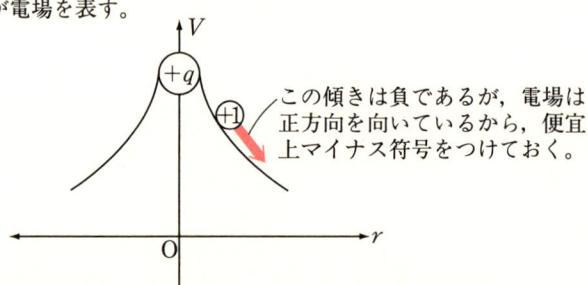

この傾きは負であるが，電場は正方向を向いているから，便宜上マイナス符号をつけておく。

じっさい，
$$V = \frac{q}{4\pi\varepsilon_0 r}$$
を，r で微分すれば，
$$\frac{dV}{dr} = -\frac{q}{4\pi\varepsilon_0 r^2}$$
である。q が正電荷のとき，電場はプラス方向を向くから，上の結果は，符号を逆にしておく方がイメージに合う。そこで，
$$E = \frac{q}{4\pi\varepsilon_0 r^2} = -\frac{dV}{dr} \qquad ◆$$

球対称な電場の場合，中心外向き方向に座標軸をとれば，電場と電位の関係は問1のように1次元的に扱うことができる。これに対して，球対称でない一般的な場合には，これを3次元に拡張すればよいだろう。式は少し複雑になるが，本質的な差異は何もないはずである(イメージし

にくければ，とりあえず2次元に拡張してみればよい）。

●スカラー場

ある電荷の分布によって，3次元空間に電位 V が与えられているとしよう。

$$V = V(x, y, z)$$

V はスカラー量，すなわちたんなる数である（もちろん，プラスだけでなく，0やマイナスの値もとる）。これは電場がベクトルであるのと決定的に違っているが，x, y, z を与えれば V の値が決まるという意味において，やはり場の量である。こういう場を**スカラー場**と呼ぶ。すなわち，電場はベクトル場であるが，電位はスカラー場である。

3次元空間のスカラー場は，図では描けないので，イメージをするために2次元空間で描いておこう。

図3-4● 2次元の電位 $V(x, y)$ は，x-y 平面を覆う曲面で表される。

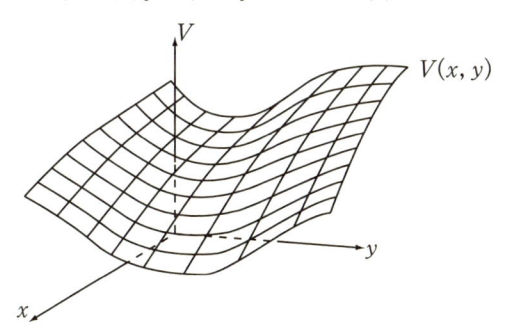

このように描くと，スカラー場は，2次元平面 x-y 上を覆う曲面として表されることが分かる。このとき，各点の電場は，この曲面の最大傾斜の傾きとして表される（ただし，符号は逆）。直感的なイメージでいえば，この曲面にパチンコ玉をそっと置いたとき，そのパチンコ玉が転がり落ちる方向が電場の向きであり，パチンコ玉の加速の大きさが電場の大きさだとみなせばよい。

さて，1次元の場合の傾きは，たんに dV/dr でよかったが，2次元あるいは3次元における最大傾斜方向とその傾きはどのように表されるだろうか。

これには，少々の数学が必要である。しかし，div の数学的意味を理解した人には，もはやたやすいことだろう。付録の「やさしい数学の手引き」に示した通り，x, y, z それぞれの傾き（偏微分）を求めてやればよい。

$$E_x = -\frac{\partial V}{\partial x}$$

$$E_y = -\frac{\partial V}{\partial y}$$

$$E_z = -\frac{\partial V}{\partial z}$$

これは，1つのベクトルとして，

$$\boldsymbol{E} = \left(-\frac{\partial V}{\partial x}, -\frac{\partial V}{\partial y}, -\frac{\partial V}{\partial z}\right)$$

と書いてもよいし，また記号∇（ナブラ）を用いて，

$$\boldsymbol{E} = -\nabla V$$

と書けることも，付録に示した通りである。また，この∇V は傾斜そのものであるから，傾斜を意味する英語 gradient から，

$$\boldsymbol{E} = -\operatorname{grad} V$$

と書いても同じことである。

以上は，dV/dr の微分と本質的な違いが何もない。あとは記号に慣れるだけのことである。

●保存力とポテンシャル・エネルギー

さて，力学において万有引力は保存力であるということを学んだ。保存力とは，そのような力の存在する空間で，質点をある点からある点まで運んだとき，要する仕事がその経路によらないような力のことであった。そして，保存力であるということは，ポテンシャル・エネルギーをもつということなのである。クーロン力もまた万有引力と同じ中心力であるから，とうぜん保存力である。そのことを，「やさしい数学の手引き」にもとづいて証明してみよう。

図3-5 ●＋1クーロンを電場の中で動かす。dr は十分小さいので，その間，E は変化しないとみなす(微分の考え方)。

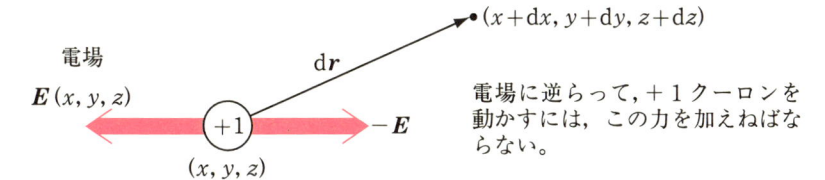

電場
$E(x, y, z)$

dr

$(x+\mathrm{d}x, y+\mathrm{d}y, z+\mathrm{d}z)$

＋1
(x, y, z)

$-E$

電場に逆らって，＋1クーロンを動かすには，この力を加えねばならない。

いま，クーロン場において，＋1クーロンの点電荷を，短い距離 dr だけ動かしてみる（r は，x, y, z の関数）。このとき，電場 E に逆らってしなければならない仕事 dW は，

$$\mathrm{d}W = -\boldsymbol{E} \cdot \mathrm{d}\boldsymbol{r}$$

であるが，ベクトルの内積の定義より，

$$= -(E_x \mathrm{d}x + E_y \mathrm{d}y + E_z \mathrm{d}z)$$

電場の各成分を，電位に直して，

$$= \frac{\partial V}{\partial x}\mathrm{d}x + \frac{\partial V}{\partial y}\mathrm{d}y + \frac{\partial V}{\partial z}\mathrm{d}z$$

やはり「やさしい数学の手引き」の偏微分と全微分の公式を見れば分かるように，これはまさに V の全微分である。すなわち，

$$= \Delta V$$

つまり，求める仕事は，どんな経路であろうと，ΔV，すなわち2点間の電位の差だけで与えられる。これを長い経路 A 点から B 点まで積分すれば，

$$\int_A^B -\boldsymbol{E} \cdot \mathrm{d}\boldsymbol{r} = V(\mathrm{B}) - V(\mathrm{A})$$

すなわち，クーロン場に逆らってする仕事や，クーロン場によって電荷が得る運動エネルギーなどは，$V(\mathrm{B}) - V(\mathrm{A})$ という電位の差だけで求められることになるわけである。

「差」というのがイメージしにくければ，次のように「足し算」で考えてもよい。

$$\underset{\text{はじめの電位}}{V(\mathrm{A})} + \underset{\text{電場に逆らってする仕事}}{\int_A^B -\boldsymbol{E} \cdot \mathrm{d}\boldsymbol{r}} = \underset{\text{あとの電位}}{V(\mathrm{B})}$$

演習問題 3-1 真空中の $x=+l/2$ ($l>0$) に電気量 $q(>0)$ の点電荷が，また $x=-l/2$ に電気量 $-q$ の点電荷が固定された電気双極子がある。$x=L$ (>0) の点 A においてこの電気双極子がつくる電位と電場を求めよ。また，このとき，電荷 $Q(>0)$ の点電荷を無限の彼方から点 A まで運ぶのに要する仕事はいくらか。ただし，真空の誘電率を ε_0 とし，L は l より十分大きいとして近似計算せよ。

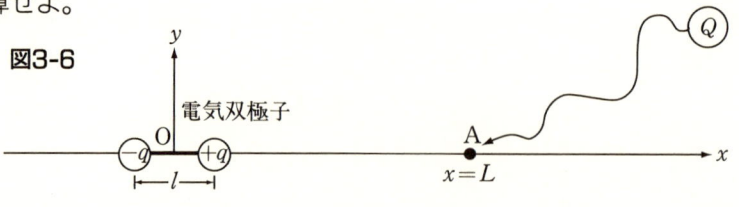

図3-6

解答&解説 あとの説明のために，定数 L の代わりに変数 x を使って，$x=x$ の地点の電位を求めることにする。ただし，この x は正で l に比べて十分大きいとしておく。

＋の点電荷と－の点電荷が，x の地点につくる電位 V_+ と V_- は，それぞれ次の通りである。

$$V_+ = \frac{1}{4\pi\varepsilon_0} \frac{q}{x-\dfrac{l}{2}}$$

$$V_- = \frac{1}{4\pi\varepsilon_0} \frac{-q}{x+\dfrac{l}{2}}$$

図3-7● 電位はスカラーだから，V_+ と V_- を単純に足せばよい。

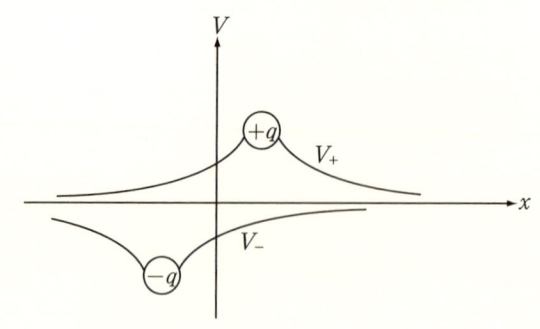

それゆえ，この2つの点電荷の合成電位 V は，
$$V = V_+ + V_-$$
ここで注目しておきたいことは，電場の合成はベクトルの足し算であるのに対して，電位はスカラー量だから，単純な数の足し算でよいということである。このように，複数の電荷があるときには，合成電場より合成電位を求める方が，はるかに簡単である。

$$V = \frac{q}{4\pi\varepsilon_0}\left(\frac{1}{x-\frac{l}{2}} - \frac{1}{x+\frac{l}{2}}\right)$$

$$= \frac{q}{4\pi\varepsilon_0}\frac{l}{\left\{x^2 - \left(\frac{l}{2}\right)^2\right\}}$$

微分の考え方より，x^2 に比べて $(l/2)^2$ は，「十分小さい」の2乗だから無視して，

$$= \frac{ql}{4\pi\varepsilon_0}\frac{1}{x^2}$$

$x = L$ として，

$$V = \frac{ql}{4\pi\varepsilon_0}\frac{1}{L^2} \quad \cdots\cdots(\text{答})$$

この電気双極子がつくる電場 $\boldsymbol{E}$ を求めるには，電位 V を x で微分すればよいだろう。すなわち，

$$\boldsymbol{E} = -\operatorname{grad} V$$

で，V は x だけの関数だから（本当はそうではないが，対称性からそうみなせる），

$$E = -\frac{dV}{dx} = -\frac{ql}{4\pi\varepsilon_0}\frac{-2}{x^3}$$

$$= \frac{ql}{2\pi\varepsilon_0 x^3}$$

$x > 0$ だから，$E > 0$ で，電場の向きは正方向であることが分かる。
$x = L$ として，

$$E = \frac{ql}{2\pi\varepsilon_0 L^3} \quad \cdots\cdots(\text{答})$$

この結果は，もちろん演習問題 2-1 と同じである。しかし，先に電位を求めた分だけ，計算が簡単になっていることに留意しておこう。

図3-8 ●無限の彼方では，どこも $V_\infty = 0$ だから，どこからどのように運んでも，点 A まで運ぶのに要する仕事は QV_A である。

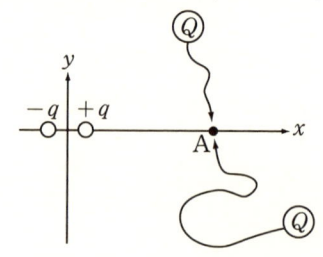

電荷がどのように分布していても（点電荷によるクーロン力が保存力であるので），その全体はやはり保存力である（これを**重ね合わせの原理**と呼ぶ）。よって，この電気双極子のつくる電場のもとで，電荷 Q を運ぶのに要する仕事は，その経路によらない。すなわち，

はじめの電荷 Q の
ポテンシャル・エネルギー ＋ 仕事 ＝ あとの電荷 Q の
ポテンシャル・エネルギー

という式がつねに成立する。求める仕事を W として，これを式で書けば，

$$Q \cdot V(\infty) + W = Q \cdot V(\text{点A})$$

念のために説明しておけば，電位 V は +1 クーロンあたりのポテンシャル・エネルギーだから，電荷 $Q(>0)$ のポテンシャル・エネルギーはそれを Q 倍して，QV となる（もし，電荷 Q が負電荷であれば，ポテンシャル・エネルギーの符号も変わる）。

よって，

$$W = Q(V(\text{点A}) - V(\infty))$$

$V(\infty)$ は 0 だから，

$$= Q \cdot V(\text{点A})$$
$$= \frac{Q\,ql}{4\pi\varepsilon_0 L^2} \quad \cdots\cdots \text{(答)}$$

◆

> **実習問題 3-1**
> 半径 a の球がある。球の内部には密度 $\rho\,(>0)$ の電荷が一様に分布し、球の外部は真空である。このとき、球の内部および外部には、どのような電位が生じるか。ただし、真空の誘電率を ε_0 とする。

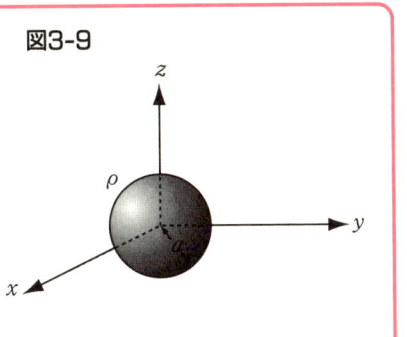

図3-9

ヒント！ 電場より電位を求める方が簡単とはいえ、電場の対称性が明らかな場合には、講義2で見たガウスの法則を用いるのがもっとも便利である。

解答＆解説 題意より、球の内外を問わず、電場および電位が球対称になることは明らかである。つまり、電場の向きはつねに球の中心から外向きで、その大きさは球の中心からの距離 r の球面上で等しい。また、電位も球の中心からの距離 r の球面上で等しい。言い換えると、等電位の面は球殻状になっている。

よって、ヒントより、まずガウスの法則を用いて、電場を求めることにしよう。

(1) 球の内部の電場

図3-10 荷電球の内部に球をとる。

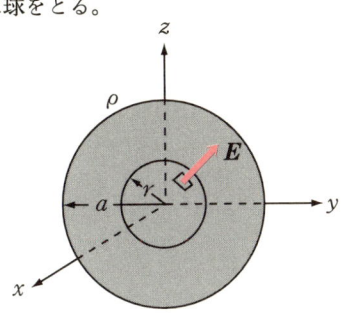

図のように半径 $r\,(\leqq a)$ の球面をとり、その球面上の電場の大きさを E として、ガウスの法則を適用する。半径 r の球の表面積は $4\pi r^2$、また

この球の内部に存在する全電気量は，$\frac{4}{3}\pi r^3 \rho$ だから，

$$4\pi r^2 E = \frac{4}{3}\pi r^3 \frac{\rho}{\varepsilon_0}$$

よって，

$$E = \boxed{\text{(a)}}$$

となり，電場の大きさは，半径 r に比例する。

(2) 球の外部の電場

図3-11●荷電球の外部に球をとる。

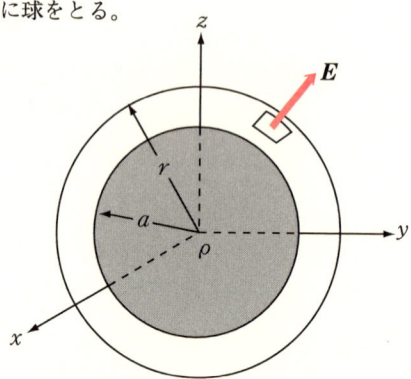

図のように半径 $r\,(\geqq a)$ の球面をとり，その球面上の電場の大きさを E とする。さて，この球の内部に存在する全電気量は，つねに，$\frac{4}{3}\pi a^3 \rho$ という定数であるから，この全電気量を q とおいて，ガウスの法則を適用すれば，

$$4\pi r^2 E = \frac{q}{\varepsilon_0}$$

よって，

$$E = \frac{q}{4\pi\varepsilon_0 r^2}$$

となり，これは点電荷 q がつくる電場と同じである。つまり，球対称な電荷分布であれば，それが点状であるか拡がっているかにかかわりなく，その外部にできる電場(および電位)は，同じになるということである。$q = \frac{4}{3}\pi a^3 \rho$ として，

$$E = \frac{a^3 \rho}{3\varepsilon_0 r^2}$$

以上で求めた電場から，電位を求めることにしよう。
$$\bm{E} = -\operatorname{grad} V$$
であり，かつ変数は r のみであるから，
$$E = -\frac{dV}{dr}$$

すなわち，E から V を求めるには，積分をすることになる。上式から dV/dr をたんなる分数とみなして（『力学ノート』収録「やさしい数学の手引き」参照），
$$dV = -E\,dr$$
だから，
$$V = -\int E\,dr$$

ただし，この積分を実行すれば必ず積分定数がついてくることを忘れないように。そこで，
$$V = -\int E\,dr + C_1 \quad \text{（定数）}$$

としておく。定数 C_1 がつくことの物理的意味は，ポテンシャル・エネルギーの基準点は自由に選べるということに相当する。我々は，これまで暗黙のうちに，電荷のまったく存在しない場所（あるいは電荷から無限に離れた場所）の電位を 0 としているので，ここでもそうしておこう。

まず，球の外部の電位から求めることにする（これは点電荷のつくる電位と同じであるから，積分するまでもないことだが）。分かりやすく，全電気量を q としておいて，
$$E = \frac{q}{4\pi\varepsilon_0 r^2}$$
より，
$$V = -\int \frac{q}{4\pi\varepsilon_0 r^2}\,dr + C_1$$

（高校数学の微分の知識より，$1/r^2 = r^{-2}$ の積分は，$-r^{-1} = -1/r$ であるから）

$$= \frac{q}{4\pi\varepsilon_0 r} + C_1$$

ここで，$r=\infty$ のとき $V=0$ とすれば，
$$0 = 0 + C_1$$
で $C_1=0$ となるから，
$$V = \frac{q}{4\pi\varepsilon_0 r}$$
となって，めでたく，点電荷のつくる電位と同じ答えが出てくる。$q = \frac{4}{3}\pi a^3 \rho$ として，

$$V = \boxed{\text{(b)}} \quad (r \geq a \text{ のとき}) \quad \cdots\cdots\text{(答)}$$

さて次は，球の内部の電位である。これも，同様に(1)の結果を積分すれば，

$$V = -\int \frac{r\rho}{3\varepsilon_0} dr + C_2$$
$$= -\frac{\rho}{3\varepsilon_0}\left[\frac{1}{2}r^2\right] + C_2$$
$$= -\frac{r^2 \rho}{6\varepsilon_0} + C_2$$

これは，球の中心が頂点となるような上に凸の放物線である。

積分定数 C_2 を求めるには，$r=a$ の点で，上で求めた外部の電位と一致するようにすればよい。$r=a$ で外部と内部の電位が一致しなければならないのは直感的に自明である。なぜなら，もし外部からと内部からの電位が $r=a$ で一致しなければ，その部分で電位の傾きが無限大となる。これは電場が無限大ということであるが，現実にそのようなことは起こらないからである。

そこで，電位の内部と外部の解において，$r=a$ とし，それらが等しいとおけば，

$$\frac{a^3 \rho}{3\varepsilon_0 a} = -\frac{a^2 \rho}{6\varepsilon_0} + C_2$$
$$\therefore \quad C_2 = \frac{a^2 \rho}{2\varepsilon_0}$$

よって，

$$V = \boxed{(c)} \quad (r \leq a \text{ のとき}) \quad \cdots\cdots \text{(答)}$$

これらをまとめて図に描けば，次の通りである。

図3-12 ● 球の内部の電位は，$r=a$ で外部の電位と連続的につながっているということから決まる。

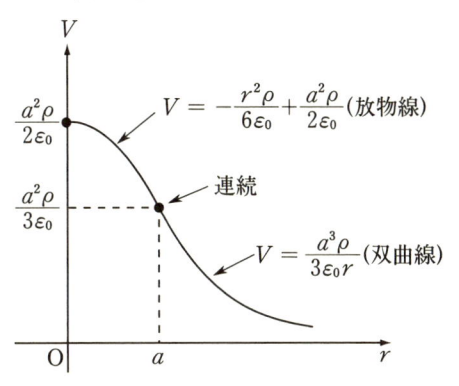

$V = -\dfrac{r^2\rho}{6\varepsilon_0} + \dfrac{a^2\rho}{2\varepsilon_0}$（放物線）

連続

$V = \dfrac{a^3\rho}{3\varepsilon_0 r}$（双曲線）

電荷が点ではなく拡がっていても，外部では同じ電位や電場をつくるということは，何かと好都合である。たとえば，点電荷の電場や電位の式は，分母に距離 r があるので，$r=0$ では無限大に発散してしまうという難点をもつ。しかし，点電荷といえども，微細に見れば拡がりをもった球状なのだと解釈すれば，この無限大の発散を防ぐことができるからである（とはいえ，現代物理学では，電子は内部構造をもたない質点だとみなされているので，この無限大発散の問題は，まだ根本的に解決されたわけではない）。

....

(a) $\dfrac{r\rho}{3\varepsilon_0}$　　(b) $\dfrac{a^3\rho}{3\varepsilon_0 r}$　　(c) $-\dfrac{r^2\rho}{6\varepsilon_0} + \dfrac{a^2\rho}{2\varepsilon_0}$

●ポアソンの方程式

電位のしめくくりは，少し数学的なことをやっておこう。数学的といっても，具体的に問題を解くわけではないので，話の筋道だけを追って頂ければよいのである。式をきれいにまとめてみようという，やや形式的な話である。

電場と電位の関係は，
$$\bm{E} = -\text{grad}\, V$$
であるが，講義2で我々はマクスウェルの方程式の1つを学んだ。すなわち，
$$\text{div}\bm{E} = \frac{\rho}{\varepsilon_0}$$
である。そこで，この2つの式を結びつけてみよう。下の式に上の式の $\bm{E}$ の値を代入して，
$$\text{div}(-\text{grad}\, V) = \frac{\rho}{\varepsilon_0}$$

付録「やさしい数学の手引き」に示した計算によって，div・grad を書き直せば，
$$\frac{\partial^2 V}{\partial x^2} + \frac{\partial^2 V}{\partial y^2} + \frac{\partial^2 V}{\partial z^2} = -\frac{\rho}{\varepsilon_0}$$
となる。形式的ではあるが，$\nabla\cdot\nabla = \nabla^2 = \Delta = \frac{\partial^2}{\partial x^2} + \frac{\partial^2}{\partial y^2} + \frac{\partial^2}{\partial z^2}$ として，
$$\Delta V = -\frac{\rho}{\varepsilon_0}$$
と書くこともある（Δ 記号を**ラプラシアン**と呼ぶ）。表現方法は何であれ，これは未知数 V の2階偏微分方程式であり，**ポアソンの方程式**と呼ばれる。また，$\rho = 0$ のときの方程式，
$$\Delta V = 0$$
は，**ラプラスの方程式**と呼ばれる。

V はスカラー量であるから，$\text{div}\bm{E} = \rho/\varepsilon_0$ の方程式と違って，これらの方程式の未知数は1つである。それゆえ，これらの方程式は解くことができる。これが，$\bm{E}$ の代わりに V を導入した理由の1つである。

●ラプラスの方程式の解

注意すべきは，**ラプラスの方程式**は，右辺が 0 だからといって，全空間に何もない場合を想定しているのではないということである（そのような場合の解は，$V=0$（定数）となって，面白くも何ともない）。微分方程式だから，あくまで微小な領域の中に何もないだけで，その周囲の状況はさまざまである。つまり，ラプラスの方程式にしろ，ポアソンの方程式にしろ，周囲の状況がどうなっているか（これを**境界条件**という）によって，具体的な解は違ってくるということである。

そんなわけで，これらの方程式は，見た目はきわめて単純であるが，一般的に解くことは難しい。よって，大学初年度の物理では，ふつう，これらの方程式を具体的に解くことはしない。

しかし，ρ が微小な球状に分布し，それ以外の空間は真空であるときの解を，我々はもちろんよく知っている。それこそ点電荷のつくるクーロン場のポテンシャルに他ならないのである。

講義 LECTURE 04 導体

　前講までで，真空中に置かれた点電荷のつくる電場と電位について，一通りのことを学んだ。静電気力の基本原理としては，これで十分である。

　しかし，我々の周囲を見てみると，点電荷と呼べるようなものはほとんど存在しない。目に入るどんな小さな物質でさえ，莫大な数の原子からできている。こうした，巨視的（マクロ）な物質についての静電気力を考えるときには，クーロンの法則に加えて，何らかの法則なり考え方があった方が便利であろう。ちょうど，国家や社会を考えるときに，個人の性格以外に，国家体制や経済状況を考えるようなものである。

　非常に興味深いことであるが，自然は人間の技術的挑戦を待っているかのように，物質世界を精妙に構築している。何世紀も前から知られていたことではあるが，我々の世界には，電気を通す物質(**導体**)と電気を通さない物質(**絶縁体**，あるいは**誘電体**ともいう)が存在する(さらにいえば，**半導体**も存在する)。

　おおざっぱにいって，金属は電気を通すが，非金属は電気を通さない。そもそも電気を通すとは，その物質の中に自由に動ける電荷（具体的には電子）がたくさん存在するということである。

図4-1●金属結晶の内部には，無数の自由に動ける電子がただよっている。いわば，自由電子の海，あるいは電子ガスである。

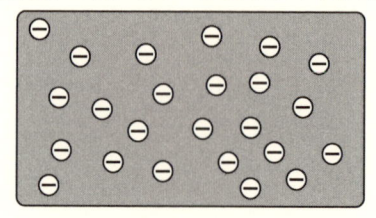

ふつう，原子に存在する電子は，原子核のプラスの電気に引かれて，簡単には原子から離れられないはずであるが，金属の場合，軌道の外側を回る電子は，金属が結晶構造をとったとき，原子核の束縛から離れてふらふらと自由にさまよいだすのである。これを**自由電子**と呼ぶが，こうした現象の正しい説明は，量子力学によってなされなければならない。

具合のよいことに，マクロな電気現象として，導体と誘電体はそれぞれきわめて特徴的な性質を示すので，本講では導体を，講義6で誘電体を扱うことにしよう。

● 導体の定義

導体という枠でくくりはするものの，現実の導体はさまざまである。つまり，電子が自由に動けるといっても，何の抵抗もなく氷面を滑るように動くわけではない。しかし，当面はそのようなものとしておこう。いわば，我々は現実の導体ではなく，理想的な導体，完全導体といってもよいものを想定することにする。

すると，(完全)導体の定義は次のようになるだろう。

> 内部に十分な量の自由に動ける電荷があり，少しでも力が働けば，それらの自由電荷はすみやかに運動する。このような物質を(完全)導体という。

現実の金属では，自由に動ける電荷はマイナスの電子であるが，かりに自由に動けるプラスの電荷があっても事情は同じなので，上のような表現にしておく。

さて，このような導体を，外から加えられた電場の中に置いてみよう。

図4-2● 外部からかけられた電場によって，自由電子は左側の表面に集まる。その分，右側の表面にはプラスが現れる。

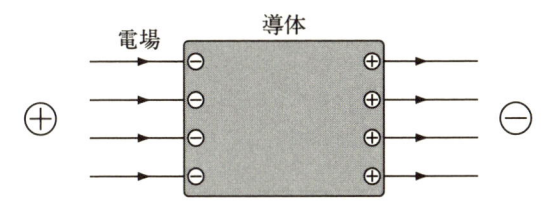

そうすると，とうぜんのことながら，導体内部の自由電荷は，この電場の力を受けてすみやかに移動するだろう。自由電荷をマイナスの電荷

をもった自由電子としておくと，自由電子は図のように電場のプラス側の金属表面に集まるであろう。このとき，自由電子は，金属の内部で静止することがないのは明らかである。力，すなわち電場があれば自由にすみやかに動くのだから，必ず金属表面まで動いてくるはずである。

　自由電子は，さらに金属表面から飛び出そうとするが，そのためにはきわめて大きな力が必要なので，ふつうは金属表面で止まってしまう。

　導体に電場をかけた直後，こうした自由電子の移動がすみやかに起こり，やがてどこかでつりあいの状況が出現するだろう。我々は，目下，静電気力だけを扱っているので，電子が移動中の(すなわち電流が流れる)状況はしばらくおいておき，最終的にすべての電子が静止した状況だけを考察しよう。

　自由電子が静止するということは，もはや電場がない，ということである(少しでも電場が残っていれば，それに応じて自由電子は動く)。

●導体の性質

　そこで，導体の定義から，次の結論が必然的に導かれる。

　　(自由電荷が静止している状況においては)導体の内部に電場は存在しない。

　この事実は，直感的には，次のように理解しておけばよい。

図4-3●導体の内部では，外部からの電場と，移動した電荷⊕と⊖がつくる電場が打ち消し合い，電場が0になる。

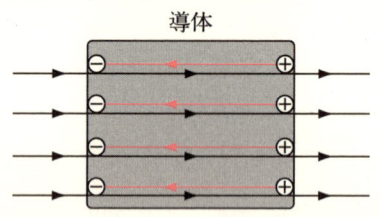

　図において，自由電子の移動によって，金属の左表面がマイナスに帯電するが，金属の右表面はその分，電子が不足して，プラスに帯電する。そこで，外部の電場を考えなければ，金属の右表面から左表面に向かって，金属の内部の電荷がつくる電場が生じるであろう。この内部の電荷

がつくる電場が，ちょうど外部の電場と打ち消し合うのである(導体の定義において，自由電荷が「十分な量」なければならないとしたのは，そうでないと外部の電場を打ち消せないからである)。

導体の内部で電場 E が，
$$E = 0$$
であれば，電位はどうなっているであろう？
$$E = -\operatorname{grad} V$$
より，
$$\operatorname{grad} V = 0$$

図4-4 ● $E = 0$ とは，電位の傾き($\operatorname{grad} V$)が0，すなわち，電位が一定ということである(図は2次元空間の場合)。

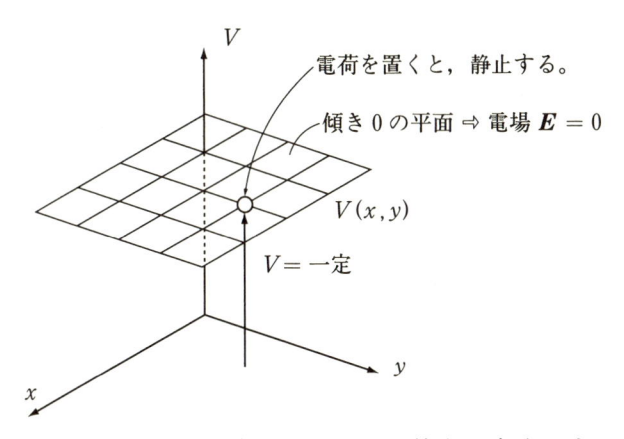

電荷を置くと，静止する。
傾き0の平面 ⇒ 電場 $E = 0$
$V(x, y)$
$V =$ 一定

これは，電位の傾斜がないということだから，答えはすぐに出て，
$$V = 一定$$
ということになる。すなわち，

> (自由電荷が静止している状況においては)導体の内部の電位はどこも等しい。

● 導体表面の電場

次に導体の表面で電場がどのようになっているかを調べよう。

図4-5●導体表面に平行な電場の成分 $E_{\parallel}$ があると，導体表面の自由電荷はそれによって動かされてしまう。

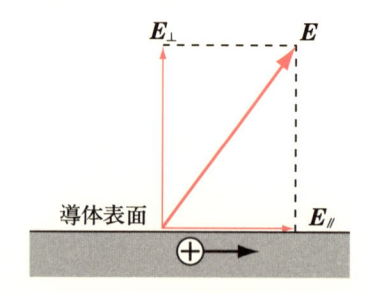

導体の表面に電荷が分布している場合（クーロンの法則あるいは div $\boldsymbol{E} = \rho/\varepsilon_0$ より），そこには必ず電場があるはずである。その電場ベクトルを，図のように，導体の表面に平行な成分と垂直な方向の成分に分解してみよう。すると，電荷は(導体の外には出られないが)，表面上は自由に動けるはずだから，電場の表面に平行な成分によって動かされてしまうだろう。

このことから，表面の電荷が静止しているかぎり，

> 電場は導体表面に必ず垂直になっていなければならない

ことが分かる。

図4-6●一様な電場の中に導体球を置いたときの電場の様子。

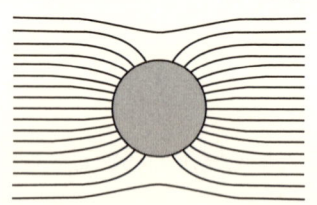

それゆえ，さまざまな形状の導体を外部電場の中におくと，導体の形状に応じて，電場(あるいは電気力線)の形は，金属表面で垂直になろうとしてゆがむことになる。一様な電場の中に，球形の導体を置いた場合の例を，図に示した。

演習問題 4-1 図のように，半径 a の導体球 A と，内半径 b，外半径 c の導体球殻 B が，同じ点を中心にして固定されている。導体球 A に正の電気量 q を与えたとき，導体球 A と導体球殻 B の電位はそれぞれいくらになるか。ただし，空間は真空で，導体球殻 B は帯電しておらず，電位の基準（電位＝0 の点）は導体から無限に離れた点とする。

図4-7

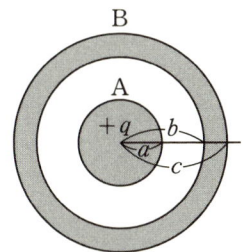

解答＆解説 導体球殻 B の外部，内部とも電界と電位が球対称になることは明らかである。

図4-8 ● 電荷は導体表面に球対称に分布する。

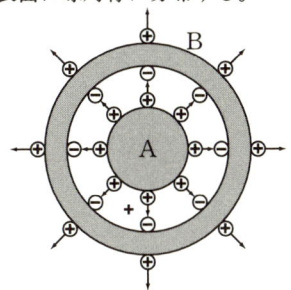

まず，電荷の分布がどのようになっているかを，直感的に見ておこう。

導体球 A に与えられた電荷 q は，もちろん球の表面に一様に分布するはずである。この電荷によって，導体球殻 B の内面には等量のマイナスの電荷が引き寄せられるはずである。そうすると，導体球殻 B の外面は不足したマイナス分だけ等量のプラス電荷が分布することになるだろう。

しかし，導体球殻 B の外から見ると，これらの導体がもっている電荷は合計 q であるから，けっきょく状況は，実習問題 3-1 とあまり変わらないということになる。違いは，導体が存在する部分だけ電場がないと

いう，その点だけである。

以上のイメージを捉えておいて，やはりガウスの法則によって，電場を先に求めることにしよう。

図4-8● 半径 r の球の内部に存在する電荷の合計は $+q$

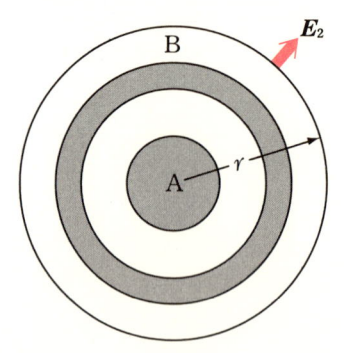

導体球と導体球殻の中心からの距離を r で表し，まず $c \leq r$（導体球殻の外側）の空間を考えよう。

半径 r の球面を想定すると，この球面の中に存在する電荷の合計は q である。そこで，この球面上の電場の大きさを $E_2(r)$ として，この球にガウスの法則を適用すると，

$$4\pi r^2 E_2(r) = \frac{q}{\varepsilon_0}$$

よって，

$$E_2(r) = \frac{q}{4\pi\varepsilon_0 r^2}$$

ゆえに，この空間での電位を $V_2(r)$ とすると，

$$V_2(r) = -\int \frac{q}{4\pi\varepsilon_0 r^2} \, dr + C_2 \quad (C_2 \text{ は積分定数})$$

$$= \frac{q}{4\pi\varepsilon_0 r} + C_2$$

境界条件として，$r=\infty$ で $V_2(\infty)=0$ とすれば，$C_2=0$ となるから，

$$V_2(r) = \frac{q}{4\pi\varepsilon_0 r}$$

となり，けっきょく，$r=0$ の中心に電荷 q の点電荷があるときの電位と同じになる。

導体球殻Bの電位 V_B は，$r=c$ での V_2 と一致しなければいけないから，

$$V_B = V_2(r=c) = \frac{q}{4\pi\varepsilon_0 c} \quad \cdots\cdots(\text{答})$$

図4-10●この場合も，半径 r の球の内部に存在する電荷は $+q$

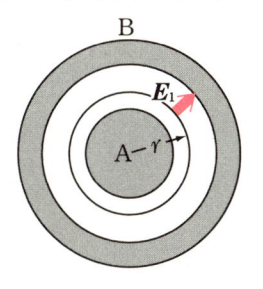

次は，導体球 A と導体球殻 B の間の空間 $(a \leq r \leq b)$ に，ガウスの法則を適用しよう。半径 r の球面をとり，その球面上での電場の大きさを $E_1(r)$ とすると，この球の内部にある電荷の総量は，やはり q だから，結果は外の空間と同じことになり，

$$V_1(r) = -\int E_1(r)\,dr + C_1 \quad (C_1 \text{は積分定数})$$

$$= \frac{q}{4\pi\varepsilon_0 r} + C_1$$

ポイントは，積分定数 C_1 がいくらになるかということだけである。

電位 $V_1(r)$ は，$r=b$ で導体球殻 B の電位と一致しなければならないから，

$$V_1(r=b) = V_B$$

より，

$$\frac{q}{4\pi\varepsilon_0 b} + C_1 = \frac{q}{4\pi\varepsilon_0 c}$$

$$\therefore \quad C_1 = \frac{q}{4\pi\varepsilon_0}\left(-\frac{1}{b} + \frac{1}{c}\right) \quad (\text{この値は負である})$$

よって，

$$V_1(r) = \frac{q}{4\pi\varepsilon_0}\left(\frac{1}{r} - \frac{1}{b} + \frac{1}{c}\right)$$

つまり，V_1 は，導体球殻Bがない場合と比べて，C_1 だけ電位が低くなっている。その理由は，導体球殻Bの存在する空間の電位が一定だか

らである。

導体球 A の電位 V_A は, $r=a$ での V_1 と一致しなければならないから,

$$V_A = V_1(r=a) = \frac{q}{4\pi\varepsilon_0}\left(\frac{1}{a} - \frac{1}{b} + \frac{1}{c}\right) \quad \cdots\cdots(答)$$

全体の様子をイメージするため, 図を描いておこう。

図4-11 ● $b-c$ 間が等電位になるため, $a-b$ 間は $\frac{1}{r}$ より $-\frac{1}{b}+\frac{1}{c}$ だけ電位が低くなっている。

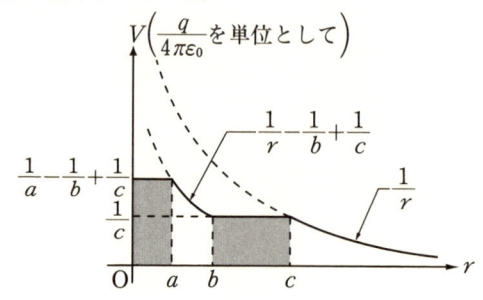

●鏡像法

以上述べてきた導体の特徴を利用して, 問題を簡単に解くための**鏡像法**と呼ばれる面白い解法があるので紹介しておこう。

図4-12 ● 無限に拡がる導体平面の前に点電荷を置く。

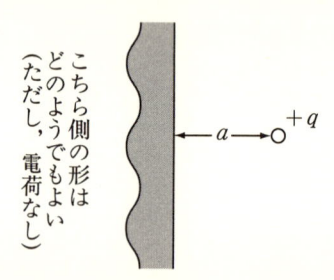

図のように, 表面が平らで無限に広い導体を考える(この表面とは反対側の導体の形状は何でもよい。また, 導体は帯電していないとする)。

この導体の表面から距離 a の地点に, 電荷 q をもつ点電荷を置いたとき, その周囲の空間にどのような電位ができるか, 導体の表面にはどのような電荷分布が現れるか, またこの点電荷は導体からどのようなク―

ロンカを受けるかということを考えてみよう。導体は帯電していないのだから，点電荷が導体から力を受けるのはおかしいように思えるが，そうではない。この点電荷をプラスとすると，導体内にあるマイナスの電荷が，導体表面に現れてくる。このマイナスの電荷によって，点電荷はクーロン力を受けることになるのである。

まず結論を先に述べておこう。

点電荷の前に置かれた導体は，ちょうど鏡のような役割をするのである。ただし，ふつうの鏡は鏡の中に鏡像（もちろん虚像である）をつくるだけであるが，導体の中にできる「鏡像」は，電荷の符号が逆になっている。

図4-13 導体は，まるで鏡のような役割を果たす。

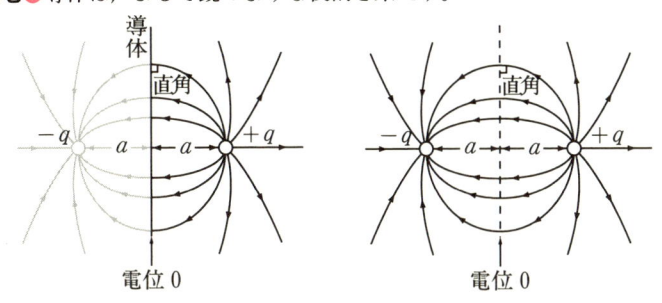

つまり，この問題は，導体がなく距離 $2a$ 離れた $+q$ と $-q$ の2つの点電荷の問題に置き換えられるということである。

なぜそうなるかは，導体がある場合と，2つの点電荷がある場合の電気力線を描いてみれば分かる。

導体がある場合，電気力線すなわち電場は，導体の表面に必ず直角である。かつ，導体上の電位は0である（無限遠の電位を0とすれば，導体は無限遠からつづいているのだから）。

次に，距離 $2a$ 離れた $+q$ と $-q$ の点電荷がつくる電場は，その垂直二等分面（すなわち，導体の表面のある場所）上で，面に垂直である。かつ，その電位は $+q$ と $-q$ から等距離だから，0である。

つまり，この2つのケースは，図の導体表面の右側の空間では，まったく同じ電場と電位を与える。

導体表面だけで電場と電位が等しくても，その他の場所では違うのではないかという疑問はとうぜんである。この疑問に対する答えは，境界条件がまったく同じラプ

ラスの方程式 $\triangle V=0$ は，同じ解を与えるということである。

　電荷の存在しない空間の電位を決めるのは，講義3で見たように，ラプラスの方程式 $\triangle V=0$ だった。しかし，この2階偏微分方程式は，境界条件を決めないと，一意的には解は決まらなかった。それを逆にいえば，一点に q という点電荷があり，そこから距離 a 離れた面上の電位が0（かつ無限遠の電位も0）という境界条件を設定すれば，すべての空間の電位は決定されるということである。

　それでは，この問題に関して，一通りの結果を示しておこう。

　点電荷が導体から受けるクーロン力は，いうまでもなく，鏡像のマイナスの点電荷からの引力だから，導体表面と点電荷の距離を a として，その大きさ F は，

$$F = \frac{1}{4\pi\varepsilon_0}\frac{q^2}{(2a)^2} = \frac{q^2}{16\pi\varepsilon_0 a^2}$$

である。

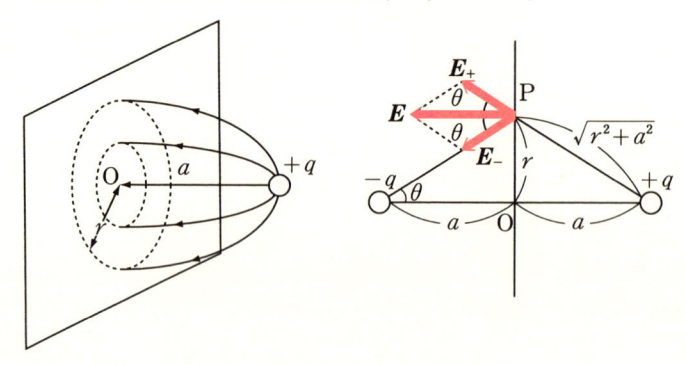

図4-14● O を中心に半径 r の円周上で電場は等しくなる。

　導体表面の電荷分布は，図のように，点電荷から導体表面におろした垂線の交点 O からの距離 r の関数となるだろう。この点を P として，点 P での電場の大きさを求めよう。

　図より，点 P での電場の大きさ E は，点電荷 $+q$ のつくる電場の大きさを E_+，鏡像である点電荷 $-q$ がつくる電場の大きさを E_- とすると，$|E_+|=|E_-|$ だから，

$$E = 2E_+ \cos\theta$$

$E_+ = \dfrac{1}{4\pi\varepsilon_0}\dfrac{q}{r^2+a^2}$, $\cos\theta = \dfrac{a}{\sqrt{r^2+a^2}}$ を代入して，

$$E = \frac{q}{2\pi\varepsilon_0} \frac{a}{(r^2+a^2)^{\frac{3}{2}}}$$

図4-15●導体表面をはさんで，断面積 dS の円筒にガウスの法則を適用。

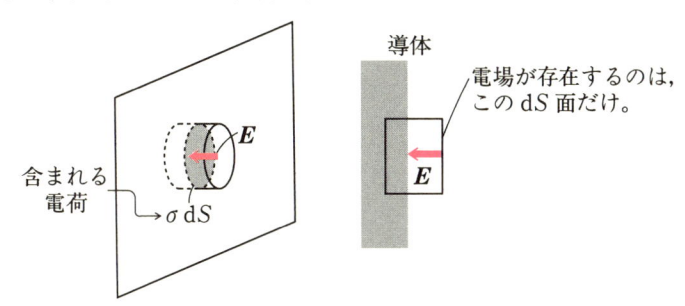

点Pにおける微小な面積 dS を囲む円筒形の領域にガウスの法則を適用すると（電場が通る面は，導体表面の右側の円しかないから），電荷の面密度を $\sigma(r)$ として，

$$E\,dS = \frac{\sigma(r)\,dS}{\varepsilon_0}$$

よって，

$$\sigma(r) = \varepsilon_0 E = \frac{qa}{2\pi(r^2+a^2)^{\frac{3}{2}}}$$

となる。

●接地（アース）

高校物理で学ぶことではあるが，回路の問題などによく登場する**接地（アース）**について説明しておこう。

図4-16●導体の帯電を解消するため⊖が地球から導体に流れ込むが，それくらいの電荷の移動では地球は帯電しない。

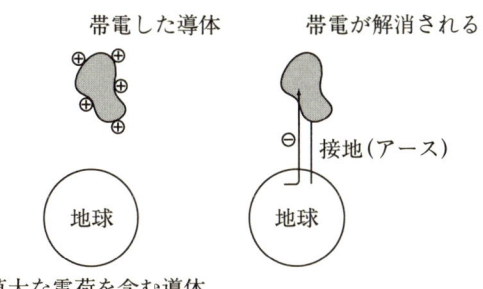

講義04●導体

接地とは，文字通り地球につなぐという意味であるが，これは地球を莫大な電荷をもった導体とみなすのである。

　たとえば，空中にプラスに帯電した導体があり，その周囲には電荷はないとしよう。この導体を接地すると，導体に帯電したプラスの電荷に引かれて，地球からマイナスの電荷が流れ込み，導体の電荷を打ち消してしまう。このとき，理屈の上からは，地球全体からなにがしかのマイナスの電荷がなくなったことになるが，地球に存在する電荷は莫大なのでほとんど無視できる。

　接地（アース）は，このように物体の帯電を解消してしまう役目をするのである。テレビや冷蔵庫といった電化製品を接地して使うのは，製品が帯電することによる危険を防ぐためである。

図4-17●帯電していない導体を，接地を利用して帯電させることもできる。

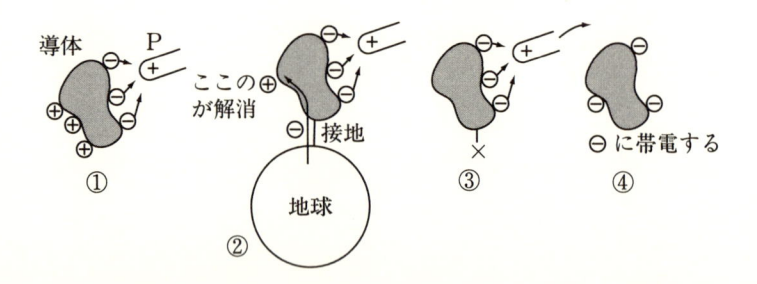

　ただし，他の電荷に引かれて導体の表面に誘導されている電荷は，接地しても消すことはできない。

　たとえば，図のように，
①最初，帯電していない導体に，他の電荷P(＋)を近づけて，導体の表面に＋と－の電荷を誘導させる。
②次に，導体を接地すると，導体上の－の電荷は，電荷Pに引かれて動けないため，導体上の＋の電荷だけが解消される。
③次に電荷Pを近づけたまま，接地をはずし，
④そのあとで電荷Pを遠ざける。

　このようにすると，導体の上に－の電荷だけが残ることになる。このようにして，接地を利用して，導体を帯電させることもできる。

> **実習問題 4-1**　真空中に半径 a の帯電していない導体球がある。この導体球の表面から距離 a の点に電気量 $q(>0)$ の点電荷 A を置いたとき，点電荷 A が導体球から受ける力を，以下のそれぞれの場合について求めよ。ただし，真空の誘電率を ε_0 とする。
> (1) 導体球を接地している場合。
> (2) 導体球を接地していない場合。
>
> **図4-18**

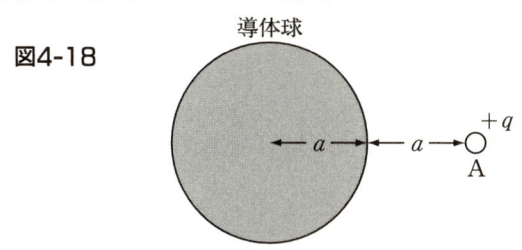

解答&解説 (1)　鏡像法を用いて解くことを考えよう。鏡像法は，導体表面を鏡とみなすわけだが，導体の表面が球面になると，光学の鏡像とは話が少し違ってくる。鏡像法のポイントは，導体の表面で電場が垂直になること，また，導体球の電位がどこも一定であるという境界条件にある。

図4-19●中心から距離 b に点電荷 $-q'$ を置く。

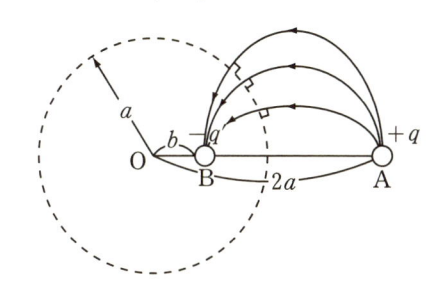

そこで，対称性を利用して，導体球の中心と点電荷 A を結ぶ直線上の，導体球の中心から距離 b の地点に，鏡像である $-q'$ の点電荷 B を考える。導体の存在を1つの点電荷に置き換えるという仮定だけ認め，その位置や電気量は未知としておくわけである。その上で，この点電荷 B と点電荷 A のつくる電位が，導体球の表面では 0 になるという境界条件をみたすように，距離 b や電気量 $-q'$ を決めることにしよう。

図4-20

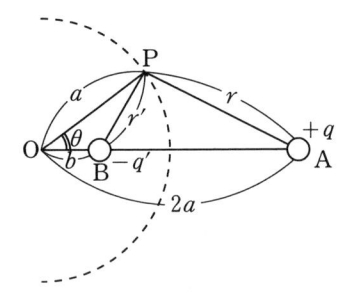

導体表面の任意の点をPとし，∠POAをθとする。このとき（導体がなく，点電荷Aと点電荷Bだけがあると仮定して），点Pでの電位Vは，

$$V = \frac{1}{4\pi\varepsilon_0}\left(\frac{q}{r} - \frac{q'}{r'}\right)$$

よって，$V=0$という境界条件を設定すると，

$$\frac{q}{r} - \frac{q'}{r'} = 0$$

すなわち，

$$qr' = q'r$$

三角関数の余弦定理を用いて，

$$q\sqrt{a^2+b^2-2ab\cos\theta} = q'\sqrt{(2a)^2+a^2-4a^2\cos\theta}$$
$$q^2(a^2+b^2-2ab\cos\theta) = q'^2 a^2(5-4\cos\theta)$$

ここで，$q'=\mu q$，$b=\lambda a$とおくと，μとλだけの式になる。それを整理して，

$$1+\lambda^2-5\mu^2-2(\lambda-2\mu^2)\cos\theta = 0$$

半径aの球面上のどこでも電位Vが0という条件は，角度θがどんな値であろうと上式が成立するということだから，

$$\begin{cases} 1+\lambda^2-5\mu^2 = 0 \\ \lambda - 2\mu^2 = 0 \end{cases}$$

が，恒等的にみたされねばならない。これは簡単な連立方程式である。これを解いて（$\mu=1$，$\lambda=2$は，この場合の解にはならないので），

$$\begin{cases} \mu = \dfrac{1}{2} \\ \lambda = \dfrac{1}{2} \end{cases}$$

すなわち，

$$\begin{cases} q' = \boxed{} \text{(a)} \\ b = \boxed{} \text{(b)} \end{cases}$$

を得る。つまり，電気鏡像は，OAの直線上の中心から半径 $a/2$ のところに，電荷 $-q/2$ の点電荷を置けばよいということになる。

図4-21● けっきょく，$\dfrac{3}{2}a$ 離れた q と $-\dfrac{1}{2}q$ に働く引力と同等になる。

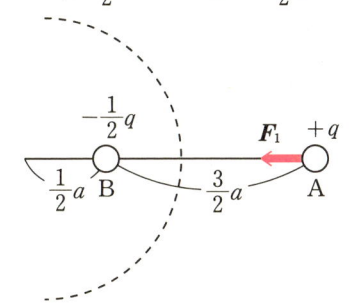

よって，点電荷 A が導体球から受ける引力 ($=$ 点電荷 B から受ける引力) の大きさ F_1 は，

$$F_1 = \dfrac{1}{4\pi\varepsilon_0} \dfrac{|qq'|}{\left(a+\dfrac{a}{2}\right)^2}$$

$$= \boxed{} \text{(c)} \quad \cdots\cdots \text{(答)}$$

(2) 導体球を接地していない場合。

まず，導体球を接地した場合と，接地していない場合で，何が違うかを明確にしておこう。導体球を接地した場合，プラスの点電荷 A の引力によって，導体表面の A に近い方には，マイナスの電荷が分布する。しかし，導体球に含まれるプラスの電荷は (点電荷 A の斥力を受けて)，接

地していることによって，導体球から地球へと去ってしまう（あるいは，マイナスの電子が導体球に流れ込んでくると考えてもよい）。つまり，この場合，導体球全体はマイナスに帯電することになる（設問(1)では，これを鏡像である点電荷Bに置き換えたのだった）。

しかし，導体球が接地されずに，電荷の逃げ道がない場合，導体球全体の電荷は0でなくてはならないから，さきほどの電気量 $+q'$ 分の電荷が表面上のどこかに分布しなければならない。

つまり，導体球を接地するか，しないかの違いは，電気量 $+q'$ の電荷がないか，あるかの違いということになる。

そこで，この $+q'$ の電荷分布を，鏡像法によって，導体内のどこかに点電荷Cとして置くことを考えよう。

図4-22●導体球が接地されていない場合の鏡像BとC

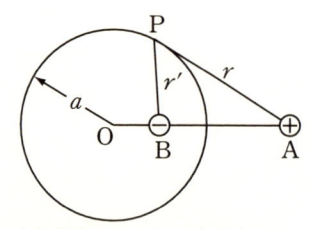

AとBによって，球面上の
電位はどこも0

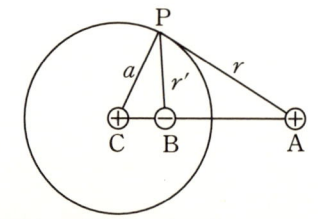

球面上の電位を一定にするには，
Cを球の中心に置かねばならない。

この場合，導体球の電位は0にはならない。なぜなら，点電荷Aと点電荷Bがあるとしたとき，球面の電位が0であったのだから，それに＋の点電荷Cが加われば，その球面の電位はプラスになるであろう。

しかし，導体球の電位は必ず一定でなければならないから，点電荷Cを置くことによって，半径aの球面を一定の電位にするためには，点電荷Cは球の中心に置かないといけない。

点電荷Aと点電荷Bによって電位0となった球面に対し，その球の中心に点電荷C$(+q')$を置けば，球面の電位は一様に，$\dfrac{+1}{4\pi\varepsilon_0}\dfrac{q'}{a}$ となるであろう。

そこで，点電荷Aが導体球から受ける引力（＝点電荷B＋点電荷Cから受ける引力）の大きさ F_2 は，

図4-23●点電荷に働く引力 F_2 は F_1-F_C となる。

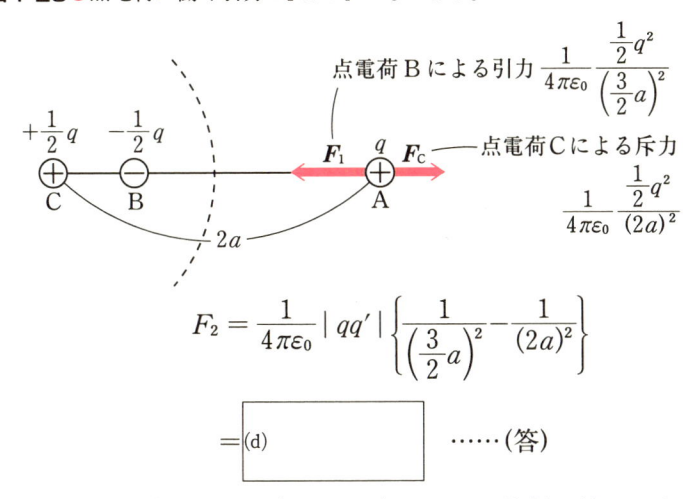

点電荷Bによる引力 $\dfrac{1}{4\pi\varepsilon_0}\dfrac{\frac{1}{2}q^2}{\left(\frac{3}{2}a\right)^2}$

点電荷Cによる斥力 $\dfrac{1}{4\pi\varepsilon_0}\dfrac{\frac{1}{2}q^2}{(2a)^2}$

$$F_2 = \frac{1}{4\pi\varepsilon_0}|qq'|\left\{\frac{1}{\left(\frac{3}{2}a\right)^2} - \frac{1}{(2a)^2}\right\}$$

$$= \boxed{(d)} \quad \cdots\cdots (答)$$

このように，導体を接地するかしないかで，状況は違ってきてしまうことを心しておこう。

さて，この問題では，点電荷 A を導体球の中心から $2a$ と固定したが，点電荷 A を導体球からどんどん離していくと，どうなるであろうか。

直感的にも明らかであるが，このとき，鏡像である点電荷 B は，球の中心にどんどん近づいていくであろう。それに対して，導体球が接地されていないとすると，プラスの点電荷 C はつねに球の中心にある。それゆえ，点電荷 A が導体から十分に離れた点にあれば，鏡像である点電荷 B と点電荷 C は十分近くにくっついている。つまり，これは電気双極子である。

図4-24●一様な電場の中に置かれた導体球は，電気双極子となる。

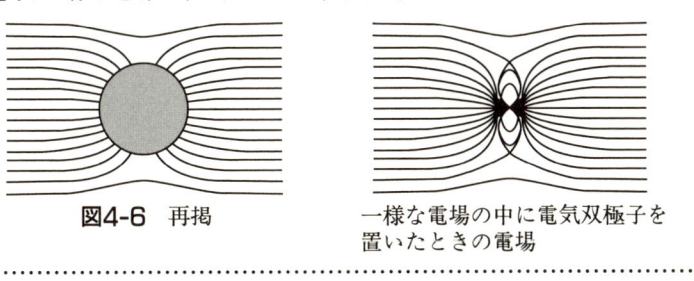

図4-6 再掲　　一様な電場の中に電気双極子を置いたときの電場

(a) $\dfrac{q}{2}$　(b) $\dfrac{a}{2}$　(c) $\dfrac{q^2}{18\pi\varepsilon_0 a^2}$　(d) $\dfrac{7q^2}{288\pi\varepsilon_0 a^2}$

このようにして，一様な電場の中に接地していない導体球を置くと，それは一様な電場内に電気双極子を置いたときと同じ電場を周囲につくるという，興味深い結果が得られることになる。◆

●静電遮蔽

　導体のしめくくりとして，導体の中にうがたれた空洞について話しておこう。

　よく知られたことであるが，このような空洞の内部では，導体の外で何が起ころうと電気的な影響を受けない。たとえば，落雷の恐れのあるとき，自動車や電車といった金属の箱の中にいると安全だといわれるのは，この事実による。

　静電気の言葉で言い換えれば，「導体の外部にどのような電場があろうと，空洞内の電場は（空洞内に電荷がないかぎり）0である」。これを**静電遮蔽**という。

図4-25●導体内の空洞に電場は存在するか？
　　AからBに傾斜があって，かつAとBは等電位にはなりえない。

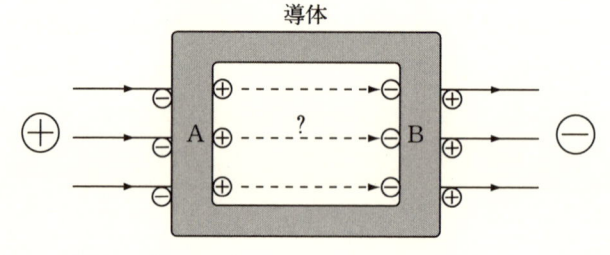

　たとえば，図のような場合，外部に電場をかけると，空洞の表面に図のような電荷が分布し，空洞内に点Aから点Bに向かって電場が生じるように思える。

　電場とは電位の傾きであるから，点Aから点Bに向かって電気力線をたどっていくと，この間，この空洞内の電位は着実に下がっていくはずである。そこで，電気力線の終着点Bでは，出発点Aより必ず電位が低くなければならない。ところが，1つの導体の電位はどこも同じでなければならないはずだから，これは明らかに矛盾である。つまり，空洞の表面にはいかなる電荷も分布しないし，電場も存在しない。

図4-26●回転する電場は，空洞の内外にかかわらず存在しない。
（ただし，静電気力の範囲内で。）

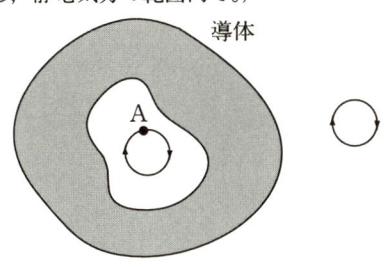

　導体表面のある点からある点に向かって電場があるといけないのだから，図のように空洞の空中にだけ「回転」するような電場が存在できないだろうか。

　このような閉じた輪の一点を A として，A から電気力線にそってたどっていくと，電位が下がっていくはずである。それがふたたび点 A にくると，電位は元に戻らないといけないから，まるでエッシャーのだまし絵のように，下がっているはずが，いつの間にか元の高さに戻っているという矛盾を生じてしまう。

●rot E ＝0

　じつは，導体内の空洞にかぎらず，上に述べたような理由で，このように回転する閉じた電場は，いかなる場所にも存在しえない。この閉じた輪を微小な領域にまでもっていけば，付録「やさしい数学の手引き」にしたがって，我々は，

$$\mathrm{rot}\, E = 0$$

というイメージを得る。すなわち，電場は点電荷からわき出したり，吸い込まれたりという「発散」（$\mathrm{div}\, E = \rho/\varepsilon_0$）はありうるが，「回転」は存在しないという法則である。

　しかし，これもまた電荷が静止している場合という条件つきであることを心しておこう。我々は目下，静電気力だけを対象にしている。電荷が動き（電流が生じ）それが時間的に変化する，などというような場合には，もはや rot E ＝0 ではなくなる。それについては，講義9で考察することになるだろう。

LECTURE 05 コンデンサーと静電エネルギー

　導体の特徴を十分に活かし，その表面に電荷をたくわえるよう工夫された装置が，**コンデンサー**である。

　コンデンサーにはさまざまな形状があるが，まずは高校物理でもおなじみの，2枚の平面導体板が向き合った平行平板コンデンサーを考えてみよう（本講義では，コンデンサーの極板間は真空であるとしておく。また，極板間の電場の一様性を仮定するため，極板間隔は極板面積に比べて十分小さいとしておく）。

図5-1 ● 平行平板コンデンサー

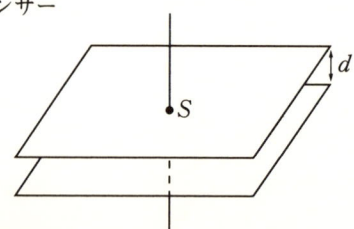

● コンデンサーの公式

　このコンデンサーの極板の面積を S，極板間隔を d，電気容量（1ボルトあたりたくわえられる電気量）を C，極板間の電位差（電圧）を V，極板間にできる電場（電界）の大きさを E，極板にたくわえられる電気量を Q として，高校物理では次のような公式を学んだであろう。

❶ 電場（電界）は電位の傾き：$E = \dfrac{V}{d}$

❷ たくわえられる電気量は電圧に比例：$Q = CV$

❸ 電気容量はコンデンサーの形状で決まる：$C = \dfrac{\varepsilon_0 S}{d}$

❹ 静電エネルギー：$U = \dfrac{1}{2}CV^2$

高校物理では，天下り式に上の公式を覚えたのだが，我々は大学の電磁気らしく，静電気力の基本原理からこれらの公式を導いてみよう。

　極板の片方の表面にプラス電荷が，もう一方にマイナス電荷が等量に帯電しているとしよう。すると，プラスの極板からマイナスの極板に向かって必ず電場が生じている。導体の性質から，この電場は導体表面で垂直になっているはずである。さらに，両極板で電荷が等量だから，電場の大きさ(すなわち電気力線の密度)は，両極板上で等しい。

図5-2 ● 極板間では，電場は一様な直線状になる。

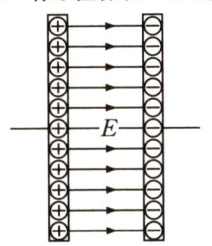

　以上の条件に，さらに極板が十分広く，間隔が十分狭いことを考慮すれば，両極板間を結ぶ電気力線の様子は，上図のようにどこでも極板に対して垂直な平行直線状になるだろう。

　ただし，極板の端の方では対称性が崩れるから，このかぎりではない。じっさいの電気力線の様子は，下図のようになるだろう。

図5-3 ● じっさいには，極板の端の方で，電場は一様でなくなる。

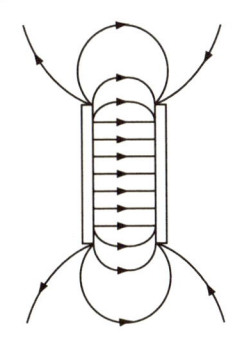

　以上のような電場の様子を直感的にイメージしておいて，ガウスの法則から，この電場の大きさを求めてみよう。

講義05 ● コンデンサーと静電エネルギー　71

図5-4

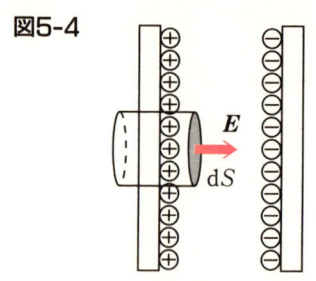

　図のように，1枚の極板をはさむ断面積 dS（dは極板間隔ではなく，微分のdである）の微小な円筒を考えよう（じつは，極板全体を包む大きな直方体を考えても同じである。ただし，極板の端の方で電場がゆがむのが気になるので，それを避けようというたんなる「気持ち」の問題である）。

　この円筒から出ていく電気力線は，図の $E\,dS$ だけである。

　極板の外側に電場はないのか，という問題をまだ解決していなかった。じつは，極板の外側(近辺)には電場はない。

図5-5 ●⊕と⊖がつくる電場は，極板の外側では打ち消し合う。

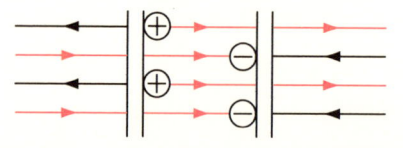

　なぜなら，2枚の極板に分布したプラスとマイナスの電荷は，それぞれ極板に垂直な一様な電場をつくっているが，極板の外側では，その向きが逆になるので，打ち消し合うのである。もちろん，それは極板の近傍だけの話である。

　あるいは，極板の外側には電荷の分布はないから，導体内部の空洞と同じ電気的遮蔽によって，電場が消されていると考えてもよい。

　この微小円筒の中にある電荷の量は，電荷の面密度を σ として，$\sigma\,dS$ だから，

$$E\,dS = \frac{\sigma\,dS}{\varepsilon_0}$$

すなわち，

$$E = \frac{\sigma}{\varepsilon_0} \quad (一定)$$

　電場が極板間のどこでも一定であることは，すでに分かっていたことであるが，いずれにしても，$\boldsymbol{E}=$ 一定から導かれる結論は（$\boldsymbol{E}=-\operatorname{grad}V$

より),
$$\text{grad}\, V = 一定$$

図5-6●極板間の電位は直線状になる。

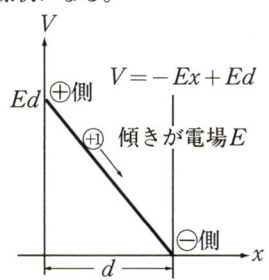

グラフ中: V, $V = -Ex + Ed$, Ed, ⊕側, 傾きが電場 E, ⊖側, d, x

V は,極板に垂直な方向の1次元の距離の関数と考えてよいから,図のように傾き一定の直線状になるであろう。

直感的な理解で十分であるが,あえて式で書くなら,距離の変数を x として,
$$\frac{dV}{dx} = -E \quad (一定)$$
$$\therefore \quad V = -Ex + C$$
プラスの極板の位置を $x=0$,マイナスの極板の位置を $x=d$,さらに $V=0$ の基準をマイナスの極板にするなら,
$$V = -Ex + Ed$$
となって,まさに上の図の通りの電位となるであろう。

これで,最初の公式,「❶電場は電位の傾き:$E = V/d$」が導かれた。

ただし,この V の意味は,極板 A と極板 B の電位差,$V(\text{A}) - V(\text{B})$ のことである。

$$E\, dS = \frac{\sigma\, dS}{\varepsilon_0}$$

に,$E = V/d$ を代入すれば,

$$\frac{V}{d}\, dS = \frac{\sigma\, dS}{\varepsilon_0}$$

これを極板全体で積分すれば(要するに両辺に面積 S をかければよい),

$$\frac{VS}{d} = \frac{\sigma S}{\varepsilon_0}$$

ここで，σS は極板にたくわえられた全電気量 Q のことだから，
$$\frac{VS}{d} = \frac{Q}{\varepsilon_0}$$
これを変形すれば，
$$Q = \frac{\varepsilon_0 S}{d} V$$
$\varepsilon_0 S/d$ はコンデンサーの形で決まる定数だから，これを C と書けば，
$$Q = CV$$
$$C = \frac{\varepsilon_0 S}{d}$$
となって，❷，❸の公式が導かれた。

　電気容量 C の比例定数 ε_0 は，極板間に誘電体を挿入すると変化するが，それについては講義6で扱うことにする。ここでは，クーロンの法則以来使っている比例定数 ε_0 が，そのまま C を決める比例定数として現れてくるというふうに理解しておけばよい。電気容量の単位は [F]（ファラッド）であるが，それはもちろん，[C/V]（クーロン／ボルト）($=[C^2/J]$) のことである。

演習問題 5-1

半径 a の導体球 A と，それをとりまく内径 b の同心導体球殻 B でコンデンサーをつくる。導体球殻 B は薄くて，外径も b とみなせるものとする。次のそれぞれの場合について，このコンデンサーの電気容量を求めよ。ただし，導体球 A と導体球殻 B の間の空間は真空で，真空の誘電率を ε_0 とする。

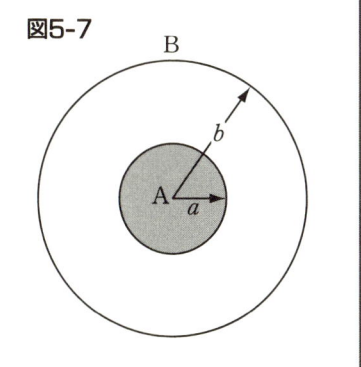

(1) 導体球 A に電荷を与え，導体球殻 B を接地する。
(2) 導体球殻 B に電荷を与え，導体球 A を接地する。

図5-7

ヒント！ 平行平板コンデンサーではないから，$C = \varepsilon_0 S/d$ の公式は使えない。そこで，$Q = CV$ の関係から C を求めることにしよう。つまり，それぞれの条件で，導体に電荷 Q を与えたとき，A と B の電位差 V がいくらになるかを計算すればよい。

解答&解説 電位の計算だから，けっきょく講義 4 の演習問題 4-1 とよく似たことになるであろう。

(1) 導体球殻 B を接地した場合（導体球殻 B の電位が 0）。

図5-8 ● B を接地し，A に電荷を与える。

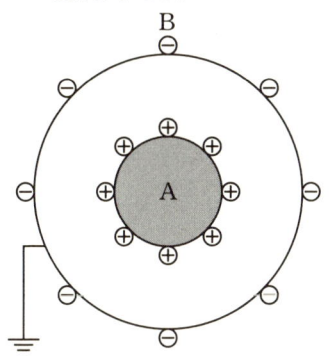

導体球 A に電荷 Q（プラス電荷としておく）を与えると，それらの電

荷はとうぜんながら，導体球の表面に一様に分布する。それゆえ，これまで何度も見てきたように，その周囲の空間にできる電場の様子は，電荷 Q の点電荷がつくるものと同じである。

そこで，中心からの距離 r ($a \leqq r \leqq b$) の電位 $V(r)$ は，

$$V(r) = \frac{1}{4\pi\varepsilon_0}\frac{Q}{r} + \alpha_1 \quad (定数)$$

（定数を C と書くと電気容量とまぎらわしいので，α としておく。）

と書けるであろう(要するに，この種の問題で不確定なのは，定数 α_1 だけであり，これは電位の基準点と境界条件で決まる)。

いまの場合，導体球殻の電位が 0 であるから，$r=b$ において $V=0$ として，

$$0 = \frac{1}{4\pi\varepsilon_0}\frac{Q}{b} + \alpha_1$$

$$\therefore \quad \alpha_1 = -\frac{1}{4\pi\varepsilon_0}\frac{Q}{b}$$

よって，

$$V(r) = \frac{Q}{4\pi\varepsilon_0}\left(\frac{1}{r} - \frac{1}{b}\right)$$

そこで，導体球 A の表面 ($r=a$) における電位は，

$$V(r=a) = \frac{Q}{4\pi\varepsilon_0}\left(\frac{1}{a} - \frac{1}{b}\right)$$

図5-9 ● B を接地したときの電位の形

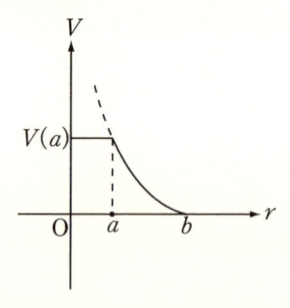

導体球殻 B の電位は 0 であるから，$V(a)$ が A と B の間の電位差そのものである(図参照)。

このコンデンサーの電気容量を C_1 とすると，公式 $Q=CV$ より，

$$C_1 = \frac{Q}{V(a)} = 4\pi\varepsilon_0 \frac{1}{\frac{1}{a}-\frac{1}{b}} = 4\pi\varepsilon_0 \frac{ab}{b-a} \quad \cdots\cdots \text{(答)}$$

(2) 導体球 A を接地した場合。

A, B どちらを接地しようと，状況は同じように見えるが，これはちょっとした「ひっかけ問題」である。

図5-10 ● A を接地し，B に電荷を与える。

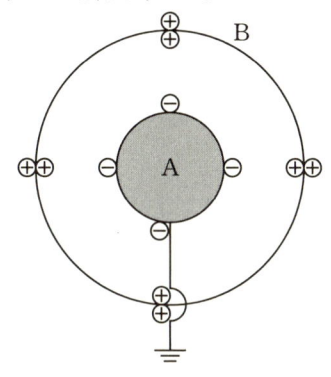

導体球殻 B は，導体球 A と違って，外部と内部の両方に表面をもつ。つまり，導体球殻 B に電荷 Q を与えると，外面と内面の両方に電荷が分布する（内部が空洞ならば，68ページで見たように，電荷は分布しないが，導体球 A はアースされているから，地球からいくらでも電荷が流れ込める）。

導体球 A に（地球から）導かれてくる電荷は，導体球殻 B の内面に分布する電荷と等量になるはずである。

証明 B の薄い球殻の内部（球殻の内側ではなく，球殻導体そのものの中）に球面をとり，ガウスの法則を適用する。この球面は導体内部にあるから，球面上の電場は 0 である。それゆえ，この球面の内部の全電荷は 0 。よって，B の内面に分布する正電荷と，導体球 A に誘導されてきた負電荷の量は等しい。

そこで，導体球殻 B に電荷 Q を与えると，その電荷は球殻の外面にも内面にも分布するから，導体球 A に導かれる電荷の量は，Q よりは小さくなる。

つまり，本質的には設問(1)と何も違わないのだが，このような電荷の分布の違いが，いわば「みかけ」の電気容量の差となって現れるのである。

さて，導体球殻Bに与える電荷を $Q(>0)$ とし，このうち，球殻の内面に分布する電荷を Q' とする．すると，導体球Aに導かれる電荷は $-Q'$ となるから，AとBの間の空間 $(a \leq r \leq b)$ の電位は，

$$V(r) = -\frac{1}{4\pi\varepsilon_0}\frac{Q'}{r} + \alpha_2 \quad (\text{定数})$$

となる．題意より，$r=a$ の電位は0だから，

$$0 = -\frac{1}{4\pi\varepsilon_0}\frac{Q'}{a} + \alpha_2$$

$$\therefore \quad \alpha_2 = \frac{1}{4\pi\varepsilon_0}\frac{Q'}{a}$$

よって，

$$V(r) = \frac{Q'}{4\pi\varepsilon_0}\left(-\frac{1}{r} + \frac{1}{a}\right)$$

一方，導体球殻Bの外側 $(b \leq r)$ の空間の電位は，

$$V(r) = \frac{1}{4\pi\varepsilon_0}\frac{Q-Q'}{r}$$

である（r の球面の内部にある全電気量は Q ではなく，$Q-Q'$ になっていることに注意）．

この球殻Bの内部と外部の電位は，球殻Bにおいて一致しなければいけないから，上で求めた2つの電位が，$r=b$ で等しいとして，

$$\frac{Q'}{4\pi\varepsilon_0}\left(-\frac{1}{b} + \frac{1}{a}\right) = \frac{1}{4\pi\varepsilon_0}\frac{Q-Q'}{b}$$

これより，

$$Q' = \frac{a}{b}Q$$

を得る．つまり，これは球殻Bの外面と内面に分布する電荷の比率を表している．この Q' の値を V の式に代入し，$r=b$ とすると（外部，内部どちらの V の式でもよい），

$$V(b) = \frac{Q}{4\pi\varepsilon_0}\frac{a}{b}\left(-\frac{1}{b} + \frac{1}{a}\right)$$

図5-11●Aを接地したときの電位の形

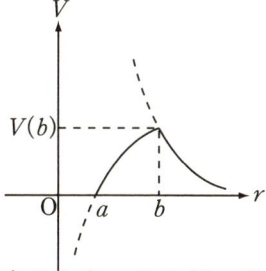

導体球Aの電位が0であるから，AとBの間の電位差は$V(b)$である（図参照）。

よって，この場合のコンデンサーの電気容量をC_2とすれば，

$$C_2 = \frac{Q}{V(b)}$$

$$= 4\pi\varepsilon_0 \frac{b^2}{b-a} \quad \cdots\cdots\text{(答)}$$

となって，(1)よりは大きくなる。

この理由をあらためて述べれば，AとBの間に同じ電圧をかけても，Aを接地しBを「浮かす」と，Bの外面にも余分な電荷をたくわえることができるからである。◆

●静電エネルギー

コンデンサーの公式❹の静電エネルギーに話を進めよう。

高校物理では，公式ばかりが先行して，静電エネルギーとは何なのかということがあまり教えられていないようである。

たとえば，電位差Vは+1クーロンあたりの位置エネルギーのことであるが，このVと静電エネルギーはどう違うのか。このような問いにきちんと答えられないかぎり，静電エネルギーを理解していることにはならない。

極板間の電位差がVであるということは，プラス側の極板にプラスqクーロンの点電荷をもってくれば，その点電荷が（マイナスの極板に対して）qVという位置エネルギーを得る，ということである。

それに対し，静電エネルギーとは，点電荷を置く置かないにかかわら

ず，帯電したコンデンサーそのものがもっているエネルギーのことである。

図5-12● V ボルト差に Q クーロンだから，位置エネルギーは QV ?

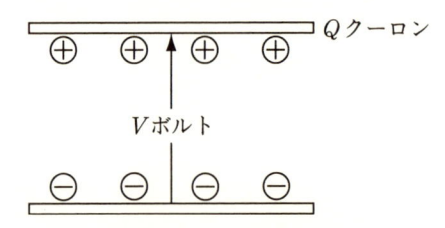

帯電したコンデンサーとは，極板に Q の電気量がたくわえられたことに他ならない。そこで，マイナス側の極板に対して V ボルト高く，そこに $+Q$ の電荷があるとしたら，全位置エネルギーは QV ではないか，と思いたくなるのだが，そうはならないところが面白い。

コンデンサーに電荷がたくわえられていなければ，静電エネルギーはもちろん 0 である。そこで，この状態から電荷 Q をたくわえるのに，外からどれだけ仕事をしないといけないかを計算してみよう。この仕事の合計こそが，コンデンサーの静電エネルギーに他ならない。なぜなら，力学で学んだように，ある物体(系)に加えられた仕事は，その物体(系)のエネルギーの増加になるからである。

この仕事を計算する方法は，1つではない。エネルギー 0 の状態から，最終的に 2 枚の極板に $+Q$ と $-Q$ がたくわえられた状態にする方法は，仮想的にはいくらでも考えられる。ここでは 2 つの方法で，仕事を求めてみよう。

まず 2 枚の極板間隔が 0 の状態から出発しよう。

ただし，極板同士が接触していると，電荷 $+Q$ と $-Q$ に分けて帯電させることはできないから，極板間には微小な隙間があるとしよう。この極板を＋と－に帯電させるのに必要な仕事は，ほとんど 0 である。なぜなら，電荷の移動距離がほとんど 0 だからである。

さて，こうして $+Q$ と $-Q$ に帯電させた極板を，距離 d だけ引き離すのに要する仕事を求めよう。それには，極板間に働く力を求めればよい。

うまい具合に，平行平板コンデンサーの極板間にできる電場 E は，(間隔 d が面積 S に比べて十分小さいかぎり) 極板間隔を変えても一定である。

そこで，$+Q$ と $-Q$ に帯電した極板同士が引き合う静電気力は，QE (＝一定) となりそうである。

しかし，ちょっと待った。

この力は QE ではなく，$\frac{1}{2}QE$ なのである。

図5-13 ● $+Q$ が $\frac{1}{2}E$，$-Q$ が $\frac{1}{2}E$ の電場をつくり，合計 E となる。

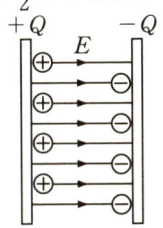

その理由は，極板間に生じている電場 E が，$+Q$ と $-Q$ のつくる電場の合計であり，たとえば $+Q$ の電荷は，$-Q$ のつくる電場 $\frac{1}{2}E$ だけから力を受け，自分自身のつくる電場からは力を受けないからである (図参照)。

電荷が自分のつくる電場から力を受けないというのは，本当だろうか。じつはこれは，微妙にして難しい問題である。ここでは難しい議論は避け，自分自身から出ている電場は，左右対称 (点電荷なら球対称) だから，「自己力」はつりあっているということにしておこう。

図5-14 ● $\frac{1}{2}QE$ の力に逆らって，d 動かす仕事は，$\frac{1}{2}QE \times d$。

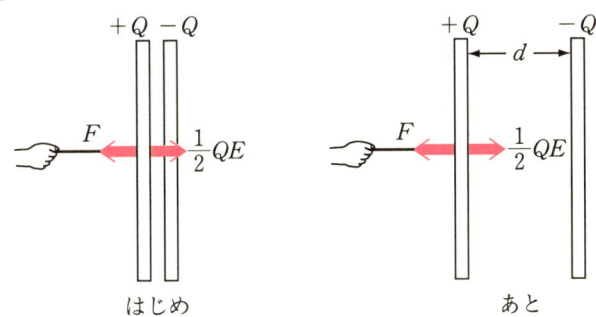

はじめ　　　　　　　　あと

講義05 ● コンデンサーと静電エネルギー

そこで，たとえば $-Q$ に帯電した極板を止めておき，$+Q$ に帯電した極板を，ほとんど0から距離 d だけ動かすのに要する仕事 W は，

$$W = \frac{1}{2}QE \times d$$

Ed は，極板間の電位差 V に他ならないから，

$$= \frac{1}{2}QV$$

あるいは，$Q=CV$ を用いれば，

$$= \frac{1}{2}CV^2$$

となり，めでたく静電エネルギーの公式が出てくる。

次は，極板間隔を最初から d にしておこう。そして，一方の極板から他方の極板へ，少しずつ電荷 dQ（このdは微分の意味）を運ぶことにする。

最初の電荷の移動には仕事を要しない。なぜなら，最初，極板間には電位差がないからである。しかし，最後の電荷の移動では，このとき極板間の電位差はほとんど V になっているから，$V\,\mathrm{d}Q$ の仕事が必要である。電位 V はたくわえられる電気量に比例して増加するから，全体の仕事は，0と QV の平均になると予想される。

図5-15●はじめ0ボルト，あとVボルトだから，全仕事は $Q \times \frac{1}{2}V$ と予想される。

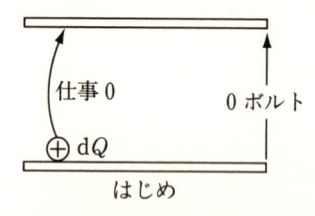

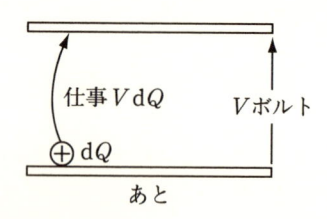

きちんと計算するとすれば，

$$\mathrm{d}W = V\,\mathrm{d}Q$$

$Q=CV$ より，

$$= \frac{Q}{C}\mathrm{d}Q$$

よって,

$$W = \int_0^Q \frac{Q}{C} \, dQ$$

$$= \frac{Q^2}{2C}$$

あるいは, $Q=CV$ より,

$$= \frac{1}{2}CV^2$$

となり, やはり同じ結果を得る。

●電場のエネルギー密度

こうして, コンデンサーの静電エネルギーとは, コンデンサーが全体としてもっている位置エネルギーであることが明らかになったが, そのエネルギーは具体的にはどこに「隠されている」のであろうか。

それは, 極板に分布した電荷 $+Q$ と $-Q$ にあるのだという考え方はもっともである。しかし, 極板の間に何か小さな点電荷を置けば, その点電荷はエネルギーを得て動き出す。この点電荷が得るエネルギーは, もちろんコンデンサーの静電エネルギーの「おすそわけ」のはずである。ということは, 静電エネルギーは, 目には何も見えない極板間の真空の空間にも存在するのではなかろうか。

もっとはっきりいえば, 点電荷は極板間の電場によって動かされるのだから, 電場そのものにエネルギーが「隠されて」いるのではなかろうか。

講義1で見たように, 現代の物理学は「場」というものを実在とみなしている。それゆえ, エネルギーもまた場の中に存在すると考えるのである。

そうすると, 静電エネルギーは, 極板間の空間の一点一点に存在することになる(現実には極板の外側にも存在するだろうが, 我々は理想的な平行平板コンデンサーを考え, 電場は極板間にだけ存在するとしよう)。さらに, 平行平板コンデンサーの場合, 極板間の場の状態はどこも一様である。よって, 極板間の空間に等しくエネルギーが分布しているとみ

なしてよいだろう．

以上のような考え方から，エネルギーの空間的な分布，すなわち密度を計算することができる．

極板間の体積は $S \times d$ だから，静電エネルギーの密度 u は，
$$u = \frac{1}{2} \frac{CV^2}{Sd}$$
$E = V/d$ を使って，
$$= \frac{1}{2} \frac{CE^2 d}{S}$$
ここで，$C = \varepsilon_0 S/d$ だから，
$$= \frac{1}{2} \varepsilon_0 E^2$$

つまり，静電エネルギーの密度は，電場 E の大きさだけに関係し，コンデンサーの形状とは無関係であることが分かる．

こうして，我々の眼前に新たな物理学が見えてくる．つまり，静電エネルギーはコンデンサーだけのものではないということである．上の結論は，静電場 E が存在するところには，どこでも単位体積あたり $\frac{1}{2}\varepsilon_0 E^2$ の静電エネルギーが存在するということを主張している．

$\frac{1}{2}\varepsilon_0 E^2$ は，電束密度 D を使って，D と E のスカラー積，$\frac{1}{2}\boldsymbol{D}\cdot\boldsymbol{E}$ で表すこともあるが，それは $\frac{1}{2}\varepsilon_0 E^2$ よりちょっとカッコイイというだけのことで，中身は同じである．

> **実習問題 5-1**
> (1) 半径 a の導体球に，電荷 Q を帯電させる。このとき，この導体球のもつ静電エネルギーはいくらか。
> (2) この球が導体ではなく，電荷 Q が球内に一様に分布しているとき，この球のもつ静電エネルギーはいくらか。

解答&解説 (1)(2)とも，解き方は2通りある。すなわち，帯電していない球に，無限の彼方から少しずつ電荷 dQ を運んでくるときの仕事を求める方法が1つ。もう1つは，結果として生じている各点の電場のエネルギーをすべて合計する方法である。ここでは，せっかく電場のエネルギーを学んだのだから，後者の方法で計算することにしよう。

(1) 電荷 Q は，導体球の表面に一様に分布し，電場はその外側に球対称で生じる（球の内部の電場が0であることはいうまでもない）。球の中心から距離 $r\,(\geqq a)$ の点での電場の大きさ $E(r)$ は，もう何度も計算したように，

$$E(r) = \frac{1}{4\pi\varepsilon_0}\frac{Q}{r^2}$$

である。

求める静電エネルギー U は，各点における $u = \frac{1}{2}\varepsilon_0 E^2$ を，空間全体で足し合わせればよい（すなわち積分すればよい）。電場は球対称だから，計算は球座標を使うのが便利である。

図5-16 ●力学で学んだ球座標の微小直方体を思い出そう。

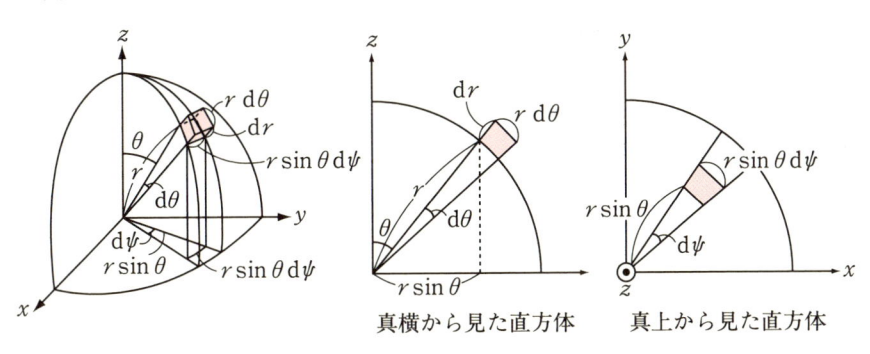

真横から見た直方体　　真上から見た直方体

力学ですでに勉強済みであるが(『力学ノート』166 ページ参照)，図の微小な直方体の 3 辺の長さは，それぞれ，dr, $r\sin\theta\, d\psi$, $rd\theta$ であるから，この直方体の中に存在する静電エネルギー dU は，

$$dU = \frac{1}{2}\varepsilon_0 E(r)^2 dr \cdot r\sin\theta\, d\psi \cdot rd\theta$$

である。積分の範囲は，$r \geq a$ のすべての空間をとればよいから，

$$U = \int_a^\infty \int_0^\pi \int_0^{2\pi} \frac{1}{2}\varepsilon_0 E(r)^2 r^2 \sin\theta\, d\psi d\theta dr$$

$$= \frac{Q^2}{32\pi^2\varepsilon_0} \int_a^\infty \int_0^\pi \int_0^{2\pi} \frac{\sin\theta}{r^2} d\psi d\theta dr$$

ψ の積分で 2π が，θ の積分で $\left[-\cos\theta\right]_0^\pi = 2$ が出てくるから，

$$= \frac{Q^2}{8\pi\varepsilon_0} \int_a^\infty \frac{1}{r^2} dr$$

r の積分の部分は，$\left[-\dfrac{1}{r}\right]_a^\infty = \dfrac{1}{a}$ となるから，

$$= \boxed{\text{(a)}} \quad \cdots\cdots(答)$$

(2) 電荷が球内にも分布している場合は，(1)で求めたエネルギーの他に，球の内部の電場による静電エネルギー(U_{in} とする)を加えておかねばならない。

講義 3 の実習問題 3-1 より，球の内部の電場は，電荷密度を ρ として，

$$E(r) = \frac{\rho}{3\varepsilon_0} r$$

である。$\rho = \dfrac{Q}{\frac{4}{3}\pi a^3}$ であるから，

$$E(r) = \frac{Q}{4\pi\varepsilon_0 a^3} r$$

よって，

$$U_{\text{in}} = \int_0^a \int_0^\pi \int_0^{2\pi} \frac{1}{2}\varepsilon_0 E(r)^2 r^2 \sin\theta\, d\psi d\theta dr$$

$$= \frac{Q^2}{8\pi\varepsilon_0 a^6} \int_0^a r^4 \, dr$$

$$= \boxed{\text{(b)}}$$

となり，球の外部のエネルギーの $1/5$ に相当するエネルギーが内部にあることになる。

よって，けっきょく，

$$U = \frac{6}{5} \frac{Q^2}{8\pi\varepsilon_0 a} = \boxed{\text{(c)}} \quad \cdots\cdots(\text{答})$$

球の内部にまで電荷が分布しているときに，静電エネルギーがなぜ導体球より大きくなるかの理由は，直感的に明らかである。無限遠の彼方から電荷を運ぶ場合，導体の場合は半径 a の球面まででよいが，内部に電荷が分布している球では，さらに中心に向かって電荷を運ばないといけないからである。

ついでにいえば，この球の半径 a を 0 に近づけていくと，静電エネルギーは ∞ に近づく。$a=0$ とは点電荷のことであるから，点電荷のもつ静電エネルギーは ∞ ということになる。$r=0$ での電位は ∞ だから，そこまで電荷を運ぼうと思えば，∞ の仕事が必要なのはとうぜんである。このエネルギーの発散というやっかいな問題は，講義3（47ページ）でもふれたように，現代物理学がまだ解決していない難問である。◆

(a) $\dfrac{Q^2}{8\pi\varepsilon_0 a}$ (b) $\dfrac{1}{5}\dfrac{Q^2}{8\pi\varepsilon_0 a}$ (c) $\dfrac{3Q^2}{20\pi\varepsilon_0 a}$

講義 LECTURE 06 誘電体

　導体の対極にある物質は，絶縁体である。
　導体が，その内部に無数の自由電荷をもつ物質であるとすれば，絶縁体はその内部にまったく自由電荷をもたない物質として定義できる。
　しかし，物質の構成要素である原子が，プラスの核とマイナスの電子からできている以上，絶縁体もまた電気からできていることはいうまでもない。ただ，内部を自由に移動できる電荷がないというだけのことである。
　周囲に電場がなければ，中性の原子は完全な球対称で，電子は球殻として原子核をとりまいている。このとき，原子を外側から見ると，電子のつくる電場は，電荷が原子の中心に点電荷としてある場合と同じだから，原子全体は電気をまったくもたないように見える。
　電子は，直感的には，ある電荷密度で丸い雲のように拡がっていると考えてもよいが，その真の姿は，量子力学の言葉でしか表現できない。「電子の雲」の量子力学的解釈は，電子が質点として観測される確率分布である。しかし，じっさいに電子の位置を観測すると，電子の運動量はまったく不明になる。逆に，電子の運動量を観測すれば，電子の位置はまったく不明になる。それゆえ，1個の電子や1個の原子といったミクロな物質を扱う場合には，我々が議論している電場やエネルギーの問題は，まるで違った「哲学」の俎上に載せねばならない。本講義で議論する誘電体は，ミクロ的に見れば無数の原子が集まった系である。

図6-1 ● 原子の分極

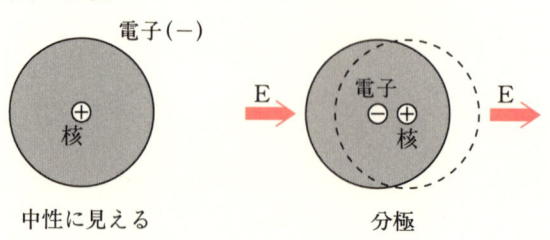

中性に見える　　　　　分極

しかし，絶縁体が外部につくられた電場の中にあるときには，プラスの原子核とマイナスの電子(の中心)は，電場の作用で少しずれることになる。すなわち，このとき原子は1つの電気双極子とみなせるわけである。これを**(誘電)分極**と呼ぶ。

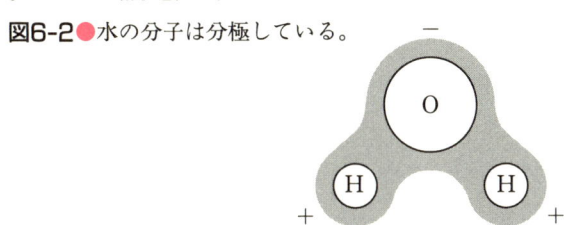

図6-2●水の分子は分極している。

原子がいくつか集まった分子になると，外部の電場がなくても分極する分子はたくさんある。たとえば，我々にいちばん身近な水の分子は，電子の雲がわずかに酸素原子の方に偏り，そのことが生命の存在に決定的な役割を果たしているのである。しかし，そうした分子の世界の話は，本書の目的からは少しそれるので，残念ながら割愛することにしよう。

●誘電体の挿入によって電気容量は増加する

ファラデーは，コンデンサーの極板間に絶縁体をつめると，コンデンサーの電気容量が増加することを発見した。つまり，コンデンサーを電池に接続し，極板間の電位差を一定にたもっておくと，極板の間を真空にしておくよりも，絶縁体を挿入した方が，たくさん電気をたくわえることができるのである。それゆえ，余分に電気を誘導してくるという意味合いで，絶縁体は**誘電体**とも呼ばれるわけである。

では，なぜ誘電体を挿入すると電気容量が増えるのか。

その理由は，比較的簡単に説明できる。

図6-3●平行平板コンデンサー

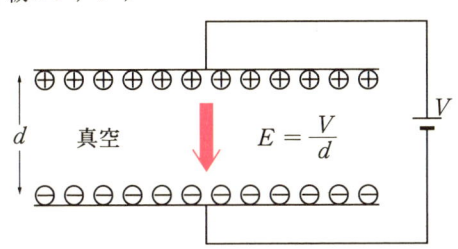

$E = \dfrac{V}{d}$

図のように，極板間が真空の平行平板コンデンサーを考えよう．極板間隔を d，極板面積を S とし，両極板に電圧 V をかける．すると，極板間には大きさ $E = V/d$ の一様な電場が生じることは，講義4で見た通りである．

このコンデンサーの極板間をぴったり埋めるような誘電体を挿入してみよう．そうすると，誘電体を構成する原子は，極板間の電場 E によって分極するだろう．

このとき，ミクロに見れば個々の原子は電気双極子になっているが，十分な量の原子を眺めれば，プラスとマイナスの電気がまんべんなく混じった電荷をもたない物質に見えるだろう．つまり誘電体の内部は，マクロ的には電荷なしと考えてよい．しかし，誘電体の表面では様子が少し違ってくる．

図6-4●誘電体の表面には分極電荷が現れる．

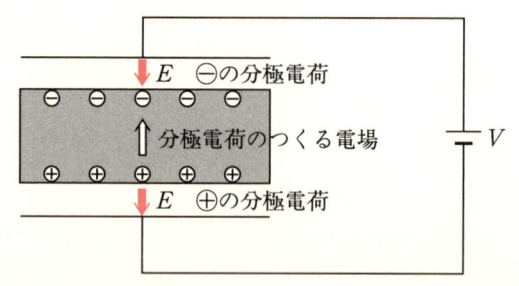

$\downarrow E$ ⊖の分極電荷

↑分極電荷のつくる電場

$\downarrow E$ ⊕の分極電荷

V

コンデンサーのプラス側の極板に接している誘電体の表面には，マイナスの電子が集まっているだろう．つまり，表面より外側にはこの電子を「中和」するプラスの原子核が存在しないから，分極によって少しずれた分だけ，誘電体の表面はマイナスに帯電したように見えるわけである．

同様にして，コンデンサーのマイナス側の表面には，プラスの電荷が帯電したように見える．このような，外部の電場によって現れる電荷を，**分極電荷**と呼び，それに対して，コンデンサーの極板にあるような自由電子による電荷を，**真電荷**と呼ぶ．

分極電荷であろうと真電荷であろうと，電荷であることに変わりはない．それゆえ，この誘電体の両表面に現れる分極電荷は，真電荷がつく

っている電場とは逆方向に，新たな電場をつくるであろう．もちろん，この電場は，元の電場より大きくなることはありえない．しかしまた，元の電場とは逆方向だから，必ず元の電場を弱めることになる．

図6-5 分極電荷による電場の弱まりを補うため，極板には余分の真電荷が誘導されてくる．

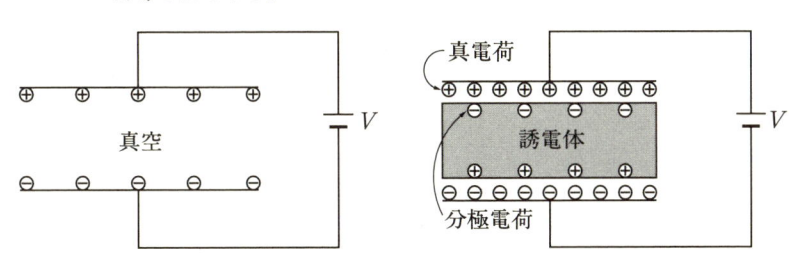

　もし，極板に一定の電圧 V がかかっていると，極板間の電場 $E=V/d$ は一定でなければならないから，電池は，誘電体に弱められた電場を元に戻すために，より多くの(真)電荷を極板に運んでこなければならない．こうして，誘電体の挿入は，極板の電荷を増加させるのである．

　もし，コンデンサーが電池から切り離されており，極板の(真)電荷が一定であれば，誘電体の挿入は，極板間の電場を小さくし，それゆえ極板間の電圧を低下させる．

　問1　上に述べたように，電池から切り離されたコンデンサーに誘電体を挿入すると，電圧が低下することにより，コンデンサーの静電エネルギーは減少する．このエネルギーの減少分はどこへ消えたのか．

　解答　誘電体をコンデンサーに近づけると，極板の真電荷とそれによって誘導された分極電荷は，符号が逆だから，互いに引き合う．すなわち，極板間への誘電体の挿入は，引力によって「自動的」に起こる．それゆえ，誘電体をゆっくりと極板に挿入しようと思えば，誘電体を外側に引っ張りながら中側へ「落として」いかねばならない．この力がする仕事は負である．静電エネルギーの減少は，この力がする負の仕事の結果である．◆

図6-6 誘電体は，極板から引力を受ける．

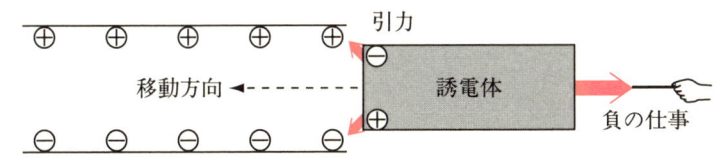

●誘電率 ε

極板間隔 d, 極板面積 S の平行平板コンデンサーの電気容量は, 極板間が真空の場合,

$$C_0 = \frac{\varepsilon_0 S}{d}$$

であるが, 誘電体を挿入すれば, 以上に述べてきたことによって電気容量は増加する。コンデンサーの形状が変化しないかぎり, d と S は同じであるから, 容量の増加分は, 比例定数 ε_0 の変化(増大)として書くしかないだろう。

そこで, 比例定数を ε_0 の代わりに ε と書くと, 増加した電気容量 C は,

$$C = \frac{\varepsilon S}{d}$$

となる。ε はつねに ε_0 より大きいことは, 明らかである。この比例定数 ε は, 誘電体を挿入することによって, 極板に電気を誘導してくる比率であるから, この誘電体の**誘電率**と呼ばれる。

ここではじめて, ε_0 をなぜ真空の誘電率と呼ぶかが明らかになった。本来, ε_0 は「クーロン」と「ニュートン」の単位を合わせるための比例定数にすぎない。しかし, 上の電気容量の式を見るかぎり, ε は電荷を誘導する比率を表すことになるので, たとえ誘電体が挿入されていなくても, ε_0 を真空の誘電率と呼んでおくのである。

$$\varepsilon = \varkappa \varepsilon_0$$

と表記したとき, $\varkappa$ を**比誘電率**と呼ぶ。たとえば, $\varkappa=2$ である誘電体を極板に挿入すれば, そのコンデンサーは, 極板間が真空の場合の 2 倍の電荷をたくわえられるということである。

●電束密度 D とは？

さて, 誘電体の学習において, たいていの人が悩まされるのが電束密度 D である。いったい電束密度とは何なのか, 電場とどう違うのか, なぜこんなものを考えるのか。初心者には, さっぱり理解できないことだ

ろう。

たとえば，たいていのテキストは，まず電束密度 D の定義を与える。すなわち，

$$D = \varepsilon_0 E + P$$

P が何であるかは順に説明するとして，そもそも初心者には，なぜこんな定義が突然もちだされるのか，そこが理解できないのである。本書では，そのような天下り的説明はやめよう。

電束密度は，電磁気学の本質ではなく，たんに考え方にすぎないのだから，電束密度なしですべてのことは説明できるはずである。そこで，誘電体の内部で，電場がどのようになるのかを，まったく電束密度の知識なしに考えてみることにしよう。

●例1　平行平板コンデンサー

まず，平行平板コンデンサーの極板間に誘電体を入れた場合を想定する。

このとき，極板間の電場の様子は図のようになるだろう。

図6-7●誘電体の内部では，電気力線の本数は減る。

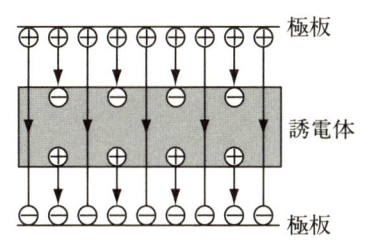

誘電体の内部では，真空中より電場が弱くなるが，それを模式的に描けば，極板上のプラスの真電荷から出た電気力線の一部が，誘電体表面のマイナスの分極電荷に吸い込まれ，それによって誘電体内の電気力線の本数が減少するからである。

このとき，誘電体の内部の電場 E の大きさを計算してみよう。

真空の場合の電場の大きさを E_0，分極電荷の面密度を $-\sigma$ として，次図のようにプラス極板側の誘電体表面 dS をはさむ円柱にガウスの法則を適用すると，この円柱の上面から入り込む電気力線の本数は（流入がマ

講義06●誘電体

図6-8

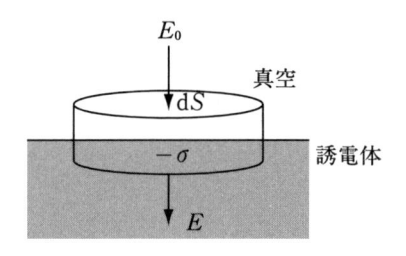

イナス，流出がプラスだから），
$$-E_0\,\mathrm{d}S$$
下面から出ていく電気力線の本数は，
$$E\,\mathrm{d}S$$
だから，
$$(-E_0+E)\,\mathrm{d}S = -\frac{\sigma\,\mathrm{d}S}{\varepsilon_0}$$
ゆえに，
$$E = E_0 - \frac{\sigma}{\varepsilon_0}$$

ここで，電荷密度 σ は，前述の誘電体の誘電率 ε を使って書けるはずである(演習問題6-1)。

こうして，この平行平板コンデンサーの例では，電束密度の助けなど借りずとも，誘電体内部の電場は簡単に求まる。

> **演習問題 6-1** 誘電率 ε の誘電体を，極板間隔 d の平行平板コンデンサーの内部に隙間なく挿入し，極板間に V の電圧をかけたとき，誘電体表面に現れる分極電荷の密度はいくらになるか。ただし，真空の誘電率を ε_0 とする。

解答＆解説 極板間が真空のとき，極板にたくわえられる電荷を Q_0 とすると，極板の面積を S として，

$$Q_0 = \frac{\varepsilon_0 S}{d} V$$

また，極板間に誘電体を挿入したときたくわえられる電荷を Q とすると，

$$Q = \frac{\varepsilon S}{d} V$$

求める電荷密度を σ とすれば，

$$Q = Q_0 + \sigma S$$

以上より，

$$\sigma = (\varepsilon - \varepsilon_0) \frac{V}{d} \quad \cdots\cdots(答)$$ ◆

図6-9 ● 極板間の電圧を同じにするには，$Q = Q_0 + \sigma S$ でなくてはならない。

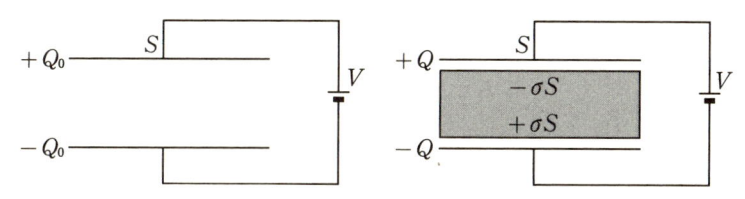

●分極ベクトル P

上の平行平板コンデンサーの例では，電場が極板や誘電体表面に垂直であったので，E や E_0 をスカラー（大きさ）として計算した。しかし，電場は本来ベクトルである。そこで，上の計算をベクトル式で表してみよう。そのためには，σ をベクトルにしなければならない。

図6-10●双極子モーメントの方向を向き，大きさが電荷密度 σ に等しいベクトル。

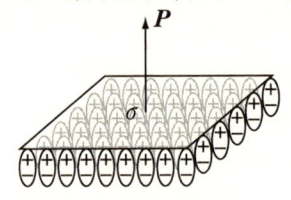

　σ がなぜ生じるかといえば，誘電体を構成する原子が電気双極子になるからであった。電気双極子は双極子モーメントというベクトルをもち，そのモーメントの方向に分極電荷が生じるのである。そこで，この双極子モーメントと同じ方向をもち，その大きさが電荷の面密度 σ に等しいベクトルを導入し，それを**分極ベクトル**と呼ぶことにする(表記は P とする)。

　各原子の双極子モーメントは微視的(ミクロ)な量であるが，分極ベクトルは巨視的(マクロ)な量である。それゆえ，分極ベクトル P は(熱力学の温度や圧力のように)統計的な量である。我々は，誘電体の細かな物性を学ぼうとしているのではないから，できるだけ簡易な考え方をとることにしよう。すなわち，各原子の双極子モーメントはすべて同じ大きさで，同じ方向を向いており，その向きは誘電体内部に生じた電場と同じ方向だと仮定する。そうすると，分極ベクトル P は，各原子の双極子モーメントの合計であり，その向きは誘電体内部の電場 E と同じになる。現実の誘電体では，分極ベクトル P と電場 E の向きが異なることもある。本当は，このようなときにこそ，電束密度の便利さが明らかになるのであるが……。

図6-11● P が斜めのときは，$\sigma = P \cdot n = P \cos\theta$。

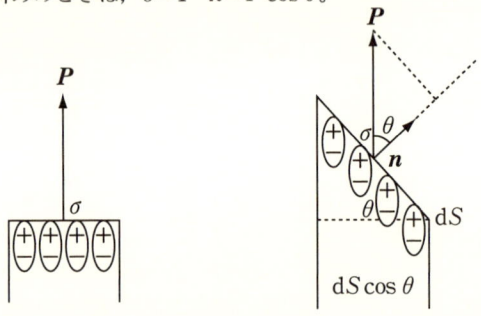

　もし，分極ベクトル P が誘電体の表面と垂直でなければ，図から分かるように，分極電荷密度はその傾斜分だけ小さくなる(電気量は同じなのに，面積が広くなるから)。言い換えれば，分極電荷密度 σ は，分極ベク

トル P と面に垂直な単位ベクトル n との内積である。
$$\sigma = P \cdot n$$

●電束密度は誘電体があっても真空中と同じ（例１の場合）

　以上でベクトル表現の準備が調った。平行平板コンデンサーの例に適用したガウスの法則は，電場，分極ベクトルとも誘電体表面に垂直だから，σ はベクトル P の大きさそのものになり，すこぶる簡単に，
$$(E_0 - E)\mathrm{d}S = \frac{P\,\mathrm{d}S}{\varepsilon_0}$$
となる。これを変形すれば，
$$\varepsilon_0 E_0 - \varepsilon_0 E = P$$
あるいは，
$$\varepsilon_0 E_0 = \varepsilon_0 E + P$$
じつは，この式の右辺が電束密度 D の定義である。つまり，
$$D = \varepsilon_0 E_0$$
　この式は，真空中における電束密度の定義（講義２，22ページ）に他ならない！　なぁーんだ，それじゃ，話は真空中と同じではないか——ということになる。そうなのである。この場合（つまり，平行平板コンデンサーの場合），どんな誘電体が入っていようと（P が E に比例しているかぎり），電束密度は真空中と同じである。言い換えると，電束密度 D で考えれば，誘電体の存在は無視できる ということである。

　電場を表す電気力線は，誘電体の内部でその本数が減っていた。つまり，誘電体の存在によって，電気力線は不連続になる。しかし，電束密度を表す電束は，たとえ誘電体があっても，連続的に描けるのである。これが，利点といえば利点である。しかし，電束密度を導入したありがた味はあまり感じないであろう。設定が簡単すぎて，電束密度を云々するまでもないからである。

　問２　前述の例で，電束密度 D を，誘電体の誘電率 ε と誘電体内部の電場 E を用いて表せ。

　解答　境界面にガウスの法則を適用して，

$$E_0 - E = \frac{\sigma}{\varepsilon_0}$$

また，演習問題6-1の結果より，
$$\sigma = (\varepsilon - \varepsilon_0)E$$

以上より，
$$\varepsilon_0 E_0 = \varepsilon E$$

となるから，けっきょく，
$$D = \varepsilon E \quad \cdots\cdots (答)$$

◆

●電場と電束密度を電位面でイメージする

　上の例では，電束密度 D で考えると，誘電体が存在しても，真空中と同様に考えることができることを確認した。しかし，正確にいうと誘電体の存在を無視できるのではない。分極電荷の存在を無視できるのである。そのことを，もう1つの例で調べてみることにしよう。

図6-12●誘電体があると傾斜（電場）は変わるが，電束の本数（電束密度）は変わらない。

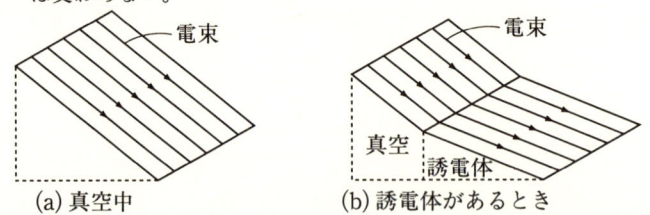

(a) 真空中　　　　(b) 誘電体があるとき

　まず，直感的なイメージをつかむために，2次元の電位面を想像してみよう。平行平板コンデンサーの場合，極板間の電場は一様であるから，その電位面は，傾斜度一定の平らな坂道のようになるだろう（図a）。

　その途中に，極板に平行に誘電体を挿入すると，電位面は図bのように途中で傾斜が緩くなり，折れ曲がった坂道になるだろう。電場 E は，この坂道の傾斜である。つまり，このような電場の中に点電荷を置けば，明らかに真空中と誘電体の内部では，働く力が異なる。

　一方，電束密度 D は，この斜面の最大傾斜にそって引かれた電束の密度である。電束の本数は（電気力線と違って分極電荷を無視できるから），斜面の傾斜が変わっても変わらず，真空中から誘電体中へ，連続して描くことができる。これが，電位面から捉えた，電場 E と電束密度 D の直感的イメージである。

●例2　電場が斜めにかかっている場合

さて，誘電体を極板と平行ではなく，斜めに挿入するとどうなるかを考えてみよう。これを電位面の直感的イメージで捉えれば，電位の坂道を斜めに折り曲げるということである。

このような坂道に点電荷を置くと（もし点電荷が自由に動けるとすれば），点電荷が転がり落ちる方向は，坂道の上と下では異なるであろう。つまり，電気力線は，境界線で曲がるということである。

図6-13 ● 境界線が電場に対して斜めのときは，電場（電束密度）は屈折する。

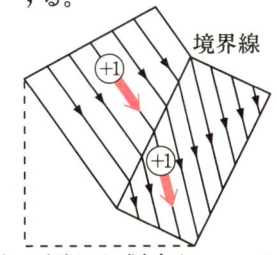

我々の考察では，電場と電束密度の向きは同じと仮定している（分極ベクトルが電場と同じ向きと仮定している）から，境界線では電束も曲がる。

よって，電束密度の向きは真空中と誘電体中で異なることになるから，誘電体の存在を無視して，真空中と同じとするわけにはいかないのである。

以上のような直感的イメージを描いておいて，斜めに挿入された誘電体の電場の様子を，電束密度を用いずに解いてみることにしよう。電場が（極板に）垂直で，誘電体表面が斜めということは，誘電体表面に対して，外部の電場が斜めに存在するのと同じことだから，ちょうど光の屈折のように考えればよい。

図6-14

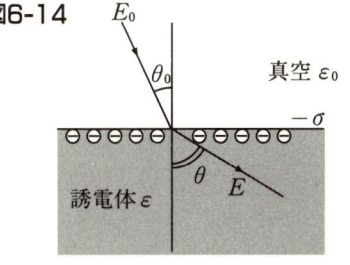

図のように，誘電率 ε の誘電体の表面に，外部の電場 E_0 が「入射角」θ_0 でかかっているとする。分かりやすく，外部は真空としておこう。

誘電体内部の電場の大きさを E とし，その向きは，光の屈折角と同じ測り方で θ とする。我々の目的は，この E と θ を求めることである。

電場の向きが図のようであるとすれば，誘電体の表面に現れる分極電荷はマイナスである。この分極電荷の面密度を $-\sigma$ としておこう。

例のごとく，誘電体の表面 dS を取り囲む円柱を考え，ガウスの法則を

適用する。

図6-15

　この円柱の上面から入り込む電気力線の本数は（流出がプラス，流入がマイナスだから），

$$-E_0 \cos\theta_0 \, dS$$

である。また，下面から出ていく電気力線の本数は，

$$E\cos\theta \, dS$$

である。よって，ガウスの法則は，

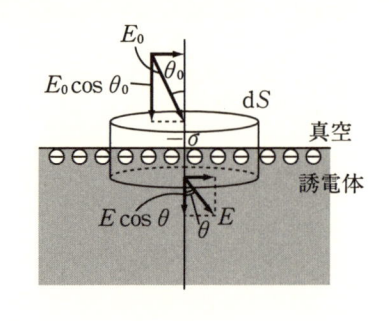

$$-E_0 \cos\theta_0 \, dS + E\cos\theta \, dS = -\frac{\sigma \, dS}{\varepsilon_0}$$

となる。整理して，

$$\varepsilon_0 E_0 \cos\theta_0 - \varepsilon_0 E\cos\theta = \sigma$$

　ここで，σ は分極ベクトルを使って，

$$\sigma = \boldsymbol{P}\cdot\boldsymbol{n}$$

であることを，すでに確認しているから，

$$\varepsilon_0 E_0 \cos\theta_0 - \varepsilon_0 E\cos\theta = P\cos\theta$$

少し変形すれば，

$$(\varepsilon_0 E + P)\cos\theta = \varepsilon_0 E_0 \cos\theta_0 \quad \cdots\cdots ①$$

となり，電束密度 $\boldsymbol{D}$ の定義である $\varepsilon_0 \boldsymbol{E} + \boldsymbol{P}$ の項が出てくる。乱暴にいってしまえば，この項をいちいち $\varepsilon_0 \boldsymbol{E} + \boldsymbol{P}$ と書くのが面倒だから，これを $\boldsymbol{D}$ と書き換えようということなのである。しかし，いまはそのままにして次に進もう。

● 電場は境界線にそって連続でなければならない

　未知数は E と θ の2つだから，もう1つ式が必要である。
　それには，前述のガウスの法則では，電場の誘電体表面に垂直な成分だけを考えたので，電場の誘電体表面に平行な成分はどうなるかを考えてみよう。

図6-16●単なる折れ曲がりなら境界線にそった傾きは連続だが，断層になっていると，境界線にそった傾きは不連続。

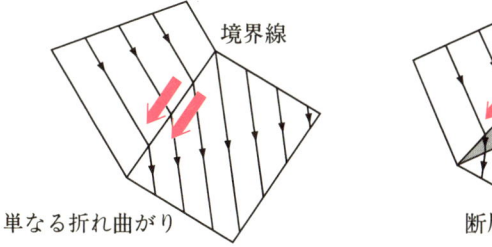

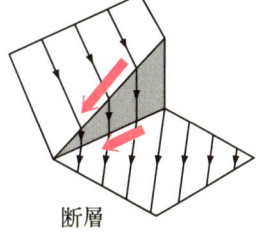

境界線

単なる折れ曲がり　　　　　断層

　例の折れ曲がった電位面をイメージすると，折れ曲がりの境界は，「折れ曲がり」であって，地滑りを起こしたような「断層」ではないであろう。もしそうだとすると，その「断層」面で傾きが無限大となり，無限の力が電荷に働くことになってしまう。つまり，折れ曲がっていても，電位面は連続でなければならない。それは，折れ曲がりの境界にそっての斜面の傾きが，上から近づいても，下から近づいても，同じでなければならないということを意味する。

　言い換えると，誘電体表面に平行な方向の電場の成分は，上の真空でも下の誘電体内でも同じということである。すなわち，

$$E\sin\theta = E_0 \sin\theta_0 \quad \cdots\cdots ②$$

　式①と式②から E と θ を求める方法はおなじみであるが，その前に，分極ベクトル P を書き換えて，式をもう少しすっきりさせておこう。

● P は E に比例する

　我々の仮定では，分極ベクトル P は(誘電体内部の)電場 E と同じ向きで，かつその大きさは電場 E の大きさに比例するとした(この仮定はもちろん近似であるが，ばねの力がその伸びに比例するとしたフックの法則と同じ，リーズナブルな近似である)。

　そこで，

$$P = \chi\varepsilon_0 E$$

とおく。比例定数は χ だけでもよいのだが，χ と ε_0 の 2 つに分けている理由は，こうすれば，χ は次元のないたんなる数になって，式もすっきりし，何かと好都合だからである。この χ を**電気感受率**と呼ぶ。

演習問題 6-2 ある誘電体の誘電率 ε と電気感受率 χ の関係を求めよ。

解答&解説 演習問題 6-1 の結果より，ある電場 E のもとでの分極ベクトルの大きさは，

$$P = \sigma = (\varepsilon - \varepsilon_0)E$$

であるから，

$$\chi \varepsilon_0 E = (\varepsilon - \varepsilon_0)E$$

よって，

$$\varepsilon = (1+\chi)\varepsilon_0 \quad \cdots\cdots (答)$$

この結果から分かるように，$1+\chi$ はすでに紹介した比誘電率 x である。また，この式は，誘電体をコンデンサーに挿入したとき，余分にたくわえられる電気量が，分極ベクトルの電気感受率 χ に比例しているということを端的に示している。◆

さて，以上のことより，

$$\varepsilon_0 E + P = \varepsilon_0 E + \chi \varepsilon_0 E = \varepsilon_0(1+\chi)E$$
$$= \varepsilon E$$

だから，式①は次のように書き換えることができる。

$$E\cos\theta = \frac{E_0}{x}\cos\theta_0 \quad (ただし x = \frac{\varepsilon}{\varepsilon_0}) \quad \cdots\cdots ①'$$

式②をもう一度書くと，

$$E\sin\theta = E_0\sin\theta_0 \quad \cdots\cdots ②$$

①²＋②² とすれば，θ が消去できるから，

$$E = E_0\sqrt{\sin^2\theta_0 + \frac{\cos^2\theta_0}{x^2}}$$

②÷①' として，

$$\tan\theta = x\tan\theta_0$$

この結果は，いわば静電場の屈折の法則を示しているといってよいであろう。

式の変形ばかり追って，物理的イメージを忘れないように。何をしてきたかというと，要するに，誘電体の表面で電場がどのように変化するかを調べたのである。
　念のため，もう一度復習しておこう。
　式①：電場の垂直成分は，電荷密度 σ（すなわち P）の存在によって，不連続に変化する。
　式②：しかし，電場の平行成分は連続でなければならない。
　そして，式①の不連続な変化が「いや」なので，連続になるものとして，電束密度を導入するのである。

●電束密度の重要公式

　以上，電束密度 D を使わずに2つの例で電場を求めたが，その過程で，電束密度がどの部分に現れてくるのかが明らかになったであろう。
　つまり，式①の左辺 $\varepsilon_0 E + P$ をいちいち書くのが面倒なので，それを D とするのである。そうすれば境界面での不連続性は解消される。
　このことを知って頂いた上で，あらためて電束密度 D の重要公式を2つ述べておこう。
　1つは，電束密度は分極電荷の存在を無視できるということである。すなわち，
$$\mathrm{div}\, \boldsymbol{D} = \rho \quad (真電荷のみ)$$
　言い換えると，分極電荷しか存在しないところでは，つねに，
$$\mathrm{div}\, \boldsymbol{D} = 0$$
である。これは，電束密度に関するガウスの法則である。
　もう1つの重要公式は，真空中では，
$$\boldsymbol{D} = \varepsilon_0 \boldsymbol{E}$$
であったが，誘電率 ε の誘電体中では，
$$\boldsymbol{D} = \varepsilon \boldsymbol{E}$$
となることである（問2）。つまり，電束密度は，電場とそこに存在する物質の誘電率をかけたものになる。こうすれば計算がすっきりするというのが，電束密度 D を導入する最大の目的なのである。
　それでは，電束密度に関するこの2つの重要公式を用いて，問題を解いてみることにしよう。

> **実習問題 6-1** 真空中に大きさ E_0 の一様な電場がある。この電場中に，電場の向きに垂直な表面をもつ無限に広い誘電体の板を置く。このとき，この誘電体の内部に生じる電場の大きさ，および誘電体の表面に導かれる電荷の密度を求めよ。ただし，真空の誘電率を ε_0，誘電体の誘電率を ε とする。

図6-17

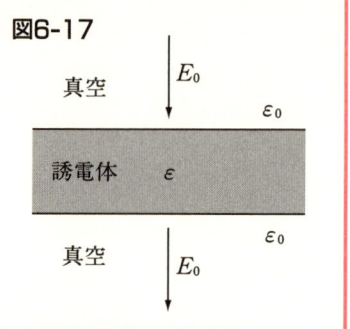

解答&解説 誘電体の表面は，電場に垂直であり，かつ誘電体は無限に広いから，誘電体内部に生じる電場は外部の電場と同じ向きで一様であることは明らかである。

真空中の電束密度の大きさを D_0，誘電体内部の電場と電束密度の大きさをそれぞれ E, D として，まず，電束密度に関するガウスの法則を書いてみよう。

例のごとく，誘電体の表面に面積 $\mathrm{d}S$ の円柱を想定する。

図6-18 ● 真電荷が存在しないから，$\mathrm{div}\,\boldsymbol{D}=0$ である。

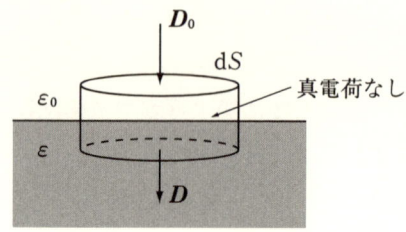

誘電体表面の電荷は分極電荷だから，$\mathrm{div}\,\boldsymbol{D}=0$ である。すなわち，
$$-D_0\,\mathrm{d}S + D\,\mathrm{d}S = 0$$
ここで，$D_0=\varepsilon_0 E_0$, $D=\varepsilon E$ だから，
$$-\varepsilon_0 E_0 + \varepsilon E = 0$$
ゆえに，

$$E = \boxed{\text{(a)}} \quad \cdots\cdots (答)$$

と，簡単に求まる．

分極電荷の面密度 σ を求めるには，同じ円柱に，電場に関するガウスの法則を適用すればよい．

$$-E_0\,dS + E\,dS = -\frac{\sigma\,dS}{\varepsilon_0}$$

図6-19 ●div $\boldsymbol{E} = \dfrac{\rho}{\varepsilon_0}$ を適用．

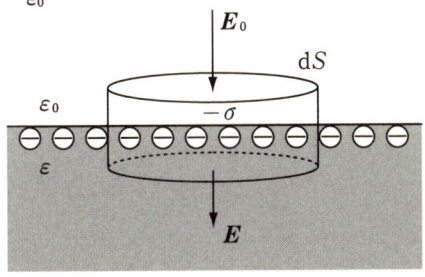

ゆえに，

$$\begin{aligned}
\sigma &= \varepsilon_0 E_0 - \varepsilon_0 E \\
&= \varepsilon_0 E_0 - \frac{\varepsilon_0{}^2}{\varepsilon} E_0 \\
&= \boxed{\text{(b)}} \quad \cdots\cdots (答)
\end{aligned}$$

この問題を，もし電束密度 $\boldsymbol{D}$ を用いず解こうとすると，分極ベクトル $\boldsymbol{P} = \chi\varepsilon_0 \boldsymbol{E}$ の関係を使うことになり，若干ではあるが繁雑になってしまう（練習のため，各自試みられよ）．◆

──────────────────────────

(a) $\dfrac{\varepsilon_0}{\varepsilon} E_0$ (b) $\varepsilon_0\left(1 - \dfrac{\varepsilon_0}{\varepsilon}\right) E_0$

> **実習問題 6-2**
>
> 誘電率 ε_1 と ε_2 の2つの誘電体が接している境界面における電場の屈折の法則を求めよ。ただし，2つの誘電体は，どちらも等方的（すなわち，分極ベクトルは電場に比例）であるとする。

解答&解説 図のように，2つの誘電体の接触面の法線と電場のなす角を，θ_1, θ_2 とする．屈折の法則とは，この θ_1 と θ_2 の関係を示すことである．

図6-20

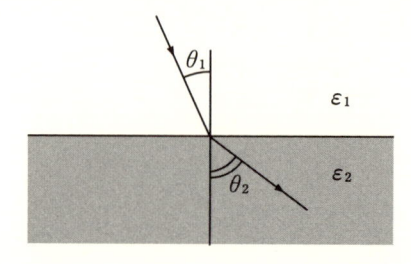

これは，例として取り上げた，誘電体表面に対して電場が斜めになっている場合とまったく同じ問題である．それを電束密度の公式を用いて解こうということである．

図6-21

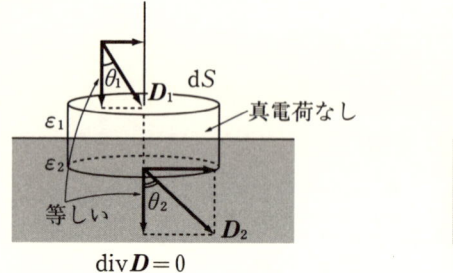

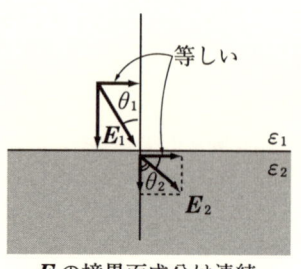

$\mathrm{div}\,\boldsymbol{D}=0$ 　　　　$\boldsymbol{E}$ の境界面成分は連続

誘電率 ε_1 の誘電体の内部での電場の大きさを E_1，電束密度の大きさを D_1，誘電率 ε_2 の誘電体の内部での電場の大きさを E_2，電束密度の大きさを D_2 とする．例2とまったく同様に，境界面に電束密度に関するガウスの法則を適用して，

$$-D_1 \cos\theta_1 + D_2 \cos\theta_2 = 0$$

$D_1 = \varepsilon_1 E_1$, $D_2 = \varepsilon_2 E_2$ だから，

$$-\varepsilon_1 E_1 \cos\theta_1 + \varepsilon_2 E_2 \cos\theta_2 = 0$$

すなわち,
$$\varepsilon_1 E_1 \cos\theta_1 = \boxed{\text{(a)}} \quad \cdots\cdots ①$$

一方,境界面において,電位は連続でなければならないから,電場 E_1 と E_2 の境界面方向の成分は等しくなければならない。

$$E_1 \sin\theta_1 = \boxed{\text{(b)}} \quad \cdots\cdots ②$$

②÷①として,

$$\frac{\tan\theta_1}{\varepsilon_1} = \boxed{\text{(c)}} \quad \cdots\cdots(答)$$

これで,電束密度を用いると,少しは計算が楽になるということを納得頂けたであろうか。◆

(a) $\varepsilon_2 E_2 \cos\theta_2$ (b) $E_2 \sin\theta_2$ (c) $\dfrac{\tan\theta_2}{\varepsilon_2}$

講義 07 定常電流と磁場

　講義6までは，静電場という言葉通り，電荷が静止している場合にかぎった話であった。

　ここからは，電荷が動く場合に話を進めよう。電磁気学が力学と比べて「意味深長」に見えるのは，電荷が動き出したとたん，電場とはまるで違った性質をもつ磁場というものが現れてくるからである。

　図7-1● 単独の電荷は存在するが，単独の磁荷は存在しない。
　　　　　（N極とS極は，必ず対になって現れる。）

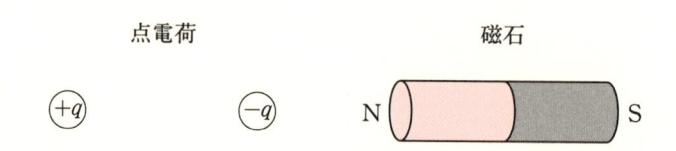

　　　　点電荷　　　　　　　　　磁石

　　　　$+q$　　$-q$　　　N ▬▬▬ S

　もし，この世にN極やS極という単独の磁荷が存在するなら，静電場と同じ静磁場の法則が成立する。しかし，残念なことに，この世には単独の磁荷は存在しない（モノポールと呼ばれる単独の磁荷の存在を主張する仮説もあるが，いまだに発見されていない）。

　本書では，単独の磁荷がつくる静磁場の法則は，はしょることにしよう。静電場と同じような法則を，磁荷という架空の物質にあてはめてたどるのは意味のあることではあるが，初心者にとってはいささか退屈であるし，効率的でもない。必要とあらば，既存のテキストを参照して頂きたい（しかしながら，我々はN極とS極が対になって存在する磁石には，よくなじんでいる。磁石は磁気双極子に他ならないから，たとえば静磁場のクーロンの法則などを実験的に検証することは可能である）。

●磁気の単位

 とはいえ，単独の磁荷がつくる静磁場の理論は，電磁気学における単位系の複雑さをほぐすカギなので，ここでは基本的な単位を静電場と比較しながら掲げておくことにしよう．電荷の単位**クーロン**に対して，磁荷の単位**ウェーバー**を導入すると，静電場と静磁場の単位は，完全に対称的になる．

図7-2●磁場の単位を理解するには，磁荷を想像するのも有効である．

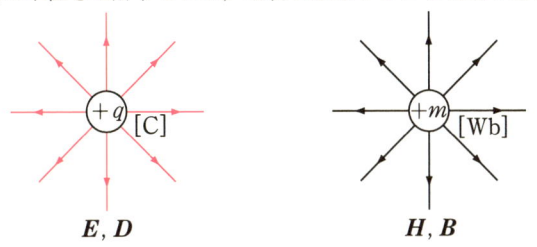

+q [C]　　+m [Wb]
E, D　　　H, B

静電場と静磁場の単位

電荷 q	[C]	磁荷 m	[Wb]
電場 E	[N/C]	磁場 H	[N/Wb]
電束密度 D	[C/m^2]	磁束密度 B	[Wb/m^2]
真空の誘電率 $\varepsilon_0 = \dfrac{D}{E}$ [C^2/Nm^2]		真空の透磁率 $\mu_0 = \dfrac{B}{H}$ [Wb^2/Nm^2]	

 現実の磁場は，磁荷(ウェーバー)によって生じるのではなく，電流(**アンペア**)によって生じる．すなわち，磁場の単位はアンペア／メートル[A/m]である．こうして，磁場の単位は，アンペアとウェーバーの2本立てとなり，かつアンペアを用いれば，とうぜんのことながら，電場と磁場の対称性は破られることになってしまう．このような事情を把握しておけば，電磁気学における単位の複雑さも，さほど苦にはならないであろう．

 なお，真空の誘電率と真空の透磁率の積 $\varepsilon_0\mu_0$ が，真空中の光速 c と，$\varepsilon_0\mu_0 = 1/c^2$ の関係にあることを知っておくことも重要である(理由は，講義10で明らかとなる)．

● 電流

電流については，高校物理ですでにおなじみである。

電流を簡単に定義すれば，「**(導体の)断面を1秒あたりに通過する電気量**」である。通常の回路に流れる電流は，無数の電子の動きであるから，統計的な量である。この統計的な量が一様で変化しない場合を，とくに**定常電流**と呼ぶ。本講義で対象とするのは，この定常電流がつくる磁場である。

定常電流でない，すなわち時間的に変化する電流も，微小時間で見れば定常とみなせるから，考えている断面を微小な時間 dt に通過する電気量を dQ とすれば，電流の大きさ I は，一般に，

$$I = \frac{dQ}{dt}$$

と書ける。電流の単位は，ご存知のように [A] (アンペア) であるが，上式より，[A]=[C/s] である。

● 電流密度

さて，以上の電流の考え方を，もう少し洗練されたものにしてみよう。

我々がこれまでに見てきた電場や電束密度などの物理量は，微小な各点各点で定義されたものであった。それゆえ，電流もまた，マクロな大きさをもった断面 S を通過する合計の電流に対して，各点各点で定義される微小な，いわば電流密度というものを考えておくべきであろう。

図7-3 ● 電流の大きさ I と電流密度の関係は，$I = \boldsymbol{i} \cdot \boldsymbol{n} \, dS$。

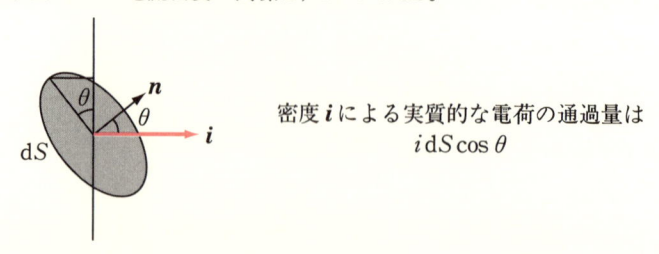

密度 $\boldsymbol{i}$ による実質的な電荷の通過量は $i \, dS \cos\theta$

さらに，電流は電荷の動きであるから，向きをもっているはずである。そこで，「単位面積あたりのベクトルとしての電流」＝**電流密度**を導入し，

i で表すことにしよう。i の単位は，もちろん，$[A/m^2]$ である。

いま，ある導体の内部に無数のミクロな自由電荷があるとする。この自由電荷は，ふつうはマイナスの電荷をもった電子であるが，ここでは話を簡明にするためプラスであるとする。単位体積内にあるこの電荷の量，すなわち体積密度を ρ とし，これらの自由電荷は同じ速度 v で動いているとする。

図7-4●電荷が速度 v で動けば，1秒で ρvS の電気量が通過していく。

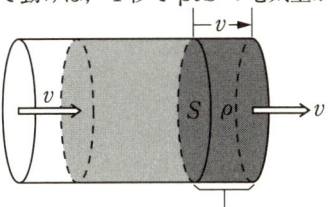

←この部分の電気量が1秒で S を通過

そうすると，この導体内のある断面 S を，単位時間に通過する電気量は，図のように断面積 S，長さ v の円柱の中にある自由電荷の量になるから（高校物理の，$I = vSne$ の式を思い出そう），

$$I = \rho v S$$

であり，速度 v をベクトル表記すれば，電流密度 $\boldsymbol{i}$ は，

$$\boldsymbol{i} = \rho \boldsymbol{v}$$

となる。すなわち，電流密度のベクトルは，速度ベクトルに電荷密度をかけたものである。電流を速度と関連づけておくことは，いろいろな意味で重要である。

●電荷の保存則

問1 ある点における電荷密度を ρ，電流密度を $\boldsymbol{i}$ としたとき，電荷の保存が必ず成立しなければならないということより，

$$\operatorname{div} \boldsymbol{i} = -\frac{\partial \rho}{\partial t}$$

であることを示せ。

解答 上式の両辺に微小な体積 dV をかけてみる。すると，右辺の

$$-\frac{\partial \rho}{\partial t} dV$$

は，ρdV がその体積の中にある全電気量だから，単位時間にその体積から減少していく電気量を表している(電荷が減少するとき，$-\partial\rho/\partial t$ は正である)。

図7-5● $\boldsymbol{i}\cdot\boldsymbol{n}\,dS$ が1秒で dV から流出する電気量は $-\dfrac{\partial\rho}{\partial t}dV$ である。

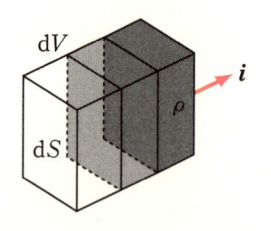

一方，左辺はガウスの定理より，
$$\mathrm{div}\,\boldsymbol{i}\,dV = \boldsymbol{i}\cdot\boldsymbol{n}\,dS$$
ただし，dS は体積 dV の表面積で，$\boldsymbol{n}$ はその法線方向の単位ベクトルである。電流密度 $\boldsymbol{i}$ ×面積 dS は，電流 I だから，
$$= I$$
となり，体積 dV から流出する電流となる。電流の定義は，単位時間あたり面積 dS を通過する電気量だから，左辺はまさに単位時間に体積 dV から流れ出る電気量に他ならず，右辺と一致する。◆

さて，本来ならここから電気回路の話に入らなければならないのだが，本書では直流，交流を問わず，回路の話はあえて省略させて頂くことにする。

その理由の1つは，オームの法則，キルヒホッフの法則や具体的な回路の問題などは，高校物理の知識で十分解くことができるからである。もし，高校で物理を学習していなければ，たとえば『物理・橋元流解法の大原則・1』(学習研究社)などの高校参考書をまず読まれることをお勧めする。

もう1つの理由は，回路の問題は工学的応用であるが，本書の目的はあくまで，電磁気学の基礎についての理解だからである。電気工学などを専攻される諸君は，もちろんさまざまな回路について学んでいかねばならないが，その前にまず本書でその基礎を固め，その上でそれぞれの専門のテキストを読破して頂きたい。

●定常電流のつくる磁場

　本講義の目的は，電流がつくる磁場の考察である。電流が変化すれば，もちろん磁場も変化する。磁場の変化は，さらに新たな電磁気現象を生み出す。このような時間的に変化する複雑な現象は，あらためて講義9で取り上げることにし，ここでは時間的に変化しない定常電流がつくる静磁場についてだけ考察することにしよう。

　電流がつくる(静)磁場の求め方には，いくつかの方法がある(その代表は，アンペールの法則とビオ–サバールの法則である)。しかし，それらは本来，**1つの自然法則の現れである**はずである。

　たとえば，静電場を求める方法として，クーロンの法則やガウスの法則があり，さらには電位の傾きから求める方法もあった。しかし，それらはどれも1つの自然現象を捉える，捉え方の違いに他ならなかった。

　磁場も同様である。電流のつくる磁場は，静電場とはまるで違った法則に則っている。なぜ，そのような法則が成立するのかを説明することは，少しばかり難しい。しかし，磁場を求めるどの方法も，同じ現象の捉え方の違いなのだということを知っておくことは大切である。

　我々は，もっとも簡明で覚えやすい方法から入っていくことにする。

　しかし，その前に，磁場の基本的な性質の1つを見ておこう。

● div H = 0

　もし単独のN極，S極が存在すれば，磁力線はN極から発散し，S極に吸い込まれる。前述したように，この場合，静電場とまったく対称的な法則が成立するから，

$$\operatorname{div} \boldsymbol{E} = \frac{\rho}{\varepsilon_0}$$

の磁気版として，ある点での単独の磁荷の密度を ρ_m，その点の磁場を $\boldsymbol{H}$ として，

$$\operatorname{div} \boldsymbol{H} = \frac{\rho_m}{\mu_0}$$

が成立するはずである。ここで μ_0 は，電場における真空の誘電率に対応

する，磁場における真空の透磁率である。

しかし，単独の磁荷 ρ_m は，我々の住む宇宙のどこにも存在しない。それゆえ，つねに，

$$\mathrm{div}\,\boldsymbol{H}=0$$

が成立しなければならない(この式は，マクスウェルの方程式の1つである)。

図7-6 単独の磁荷が存在しなければ，磁力線はループを描くしかない。

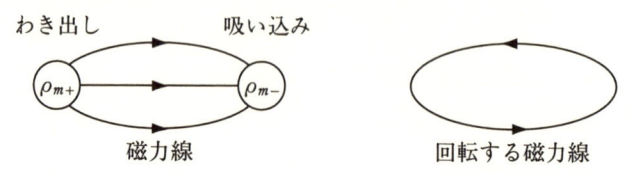

この式の意味は，磁力線にはわき出し点も吸い込み点もないということだから，この世に存在する磁力線はどれも，「はじまり」と「おわり」がない。ということは，磁力線の唯一可能な形は，ループを描くということである。

ここから，理由はよく分からないにしろ，磁場というものの特徴は，「回転」であるということが予測される。

●アンペールの法則と直線電流のつくる磁場

磁場は回転であるということを端的に示す法則が，**アンペールの法則**である。

図7-7 磁場 $\boldsymbol{H}$ は電流を取り巻く円周にそって生じる。

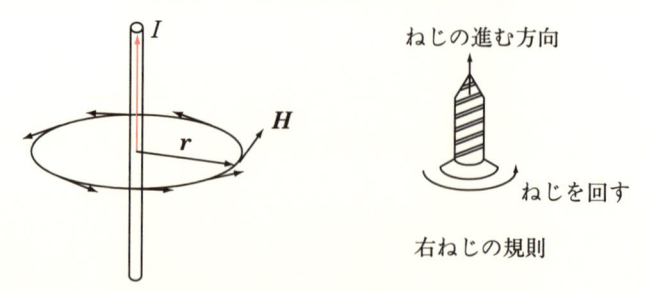

1本のまっすぐな導線の中を，定常電流 I が流れているとしよう。対

称性をたもつために，この導線は曲がることなく上下に無限に伸びているとする。

このとき，この導線の周囲にできる磁場は，磁力線がループを描くはずということから，導線を取り巻く円周上に渦を巻くように一様に生じると予想される。

そこで，導線を中心にして半径 r の円を考え，その円周上にそって，接線方向に大きさ H の磁場が生じていると仮定しよう。

ループの回転方向は，右回り，左回りと2種類とれる。しかし，そのどちらが正しいかということには，あまり意味がない。静電場では，電気力線をプラスの電荷から出てマイナスの電荷に吸い込まれるとした。しかし，それは便宜上のことであって，電気力線の向きをすべて逆にしても，矛盾のない物理学の体系をつくることができる。磁力線の向きもまた，ある約束事のもとに統一しておけば，どちらにとっても同様のはずである。

ということで，我々は日常の感覚に慣れた「右ねじ」を採用することにする。すなわち，磁力線の方向に「ねじ」をひねるとき，「ねじ」の進む方向が電流(すなわちプラスの電荷)の動く方向，とするのである。

さて，ねじを1回転すると，決まったピッチだけねじは進む。

アンペールの法則は，これと同じことを主張する。

すなわち，

> 円周(任意の閉曲線)にそって磁場を1回転足し合わせると，それがこの円(閉曲面)を通過する電流になる。

円周の長さは，もちろん $2\pi r$ だから，
$$2\pi r \times H = I$$
この「×」はベクトル積とみなしてよいが，とりあえずはスカラーで計算しておこう。こうして，
$$H = \frac{I}{2\pi r}$$
という，無限に伸びる直線電流がつくる磁場の公式が簡単に出てくる。

ねじを1回転すると1ピッチ進むという，これこそが磁場のもっとも重要なイメージなのである。このイメージさえできれば，磁場の基本は分かったといってよい。

● rot $H = i$

アンペールの法則は，何も直線電流にかぎってはいないし，ループも円である必要はない。ある任意の形状の磁力線のループがあって，その磁力線にそって磁場（の接線方向の成分）を足し合わせながら1周すると，それが，そのループの中をつらぬいている電流の合計になるのである（なぜそうなるかは，あとで証明しよう）。

式で書けば，

$$\oint_C \boldsymbol{H} \cdot \mathrm{d}\boldsymbol{s} = I$$

ここで，左辺の積分をストークスの定理によって書き直してみよう。

ストークスの定理の物理的意味とその証明は，巻末付録「やさしい数学の手引き」に紹介しておいたので，ぜひ読んで頂きたい。div や rot の物理的意味の理解は，電磁気学の学習をますます面白いものにしてくれるはずである。

$$\oint_C \boldsymbol{H} \cdot \mathrm{d}\boldsymbol{s} = \int_S \mathrm{rot}\,\boldsymbol{H} \cdot \boldsymbol{n}\,\mathrm{d}S$$

この式の左辺の物理的イメージは，1周するループにそった $\boldsymbol{H}$ による回転の効果の合計である。右辺は計算によって導かれるもので，その回転の効果が，ループの囲む面積分に変形できることを示している。すなわち，rot $\boldsymbol{H} \cdot \boldsymbol{n}\,\mathrm{d}S$ は $\boldsymbol{H}$ による回転の効果そのものである，とイメージしよう。

この式の証明は，「やさしい数学の手引き」にまかせるとして，この積

図7-8● rot $\boldsymbol{H} = \boldsymbol{i}$ はアンペールの法則の微小版である。

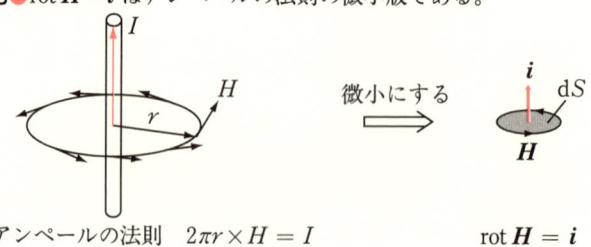

アンペールの法則　$2\pi r \times H = I$　　　　rot $\boldsymbol{H} = \boldsymbol{i}$

分領域を十分小さな円にしてみる。そうすると，最初に紹介した素朴なアンペールの定理より，左辺はその小さな円をつらぬく小さな電流 dI となる。

よって，この小さな円において，
$$\mathrm{rot}\,\boldsymbol{H}\cdot\boldsymbol{n}\,dS$$
が成立する。dI/dS は電流密度 $\boldsymbol{i}\cdot\boldsymbol{n}$ に他ならないから，けっきょく，
$$\mathrm{rot}\,\boldsymbol{H}=\boldsymbol{i}$$

これはマクスウェルの3番目の方程式の特別の場合(場に時間的変化がない場合)になっている。この式を難しく捉えてはいけない。これはアンペールの法則の微小な極限的表現であるにすぎず，それゆえ「回転するねじとそのピッチの進み」以外の何ものでもないのである。

図7-9● $\boldsymbol{H}$ と $\boldsymbol{i}$ の関係は，速度 $\boldsymbol{v}$ と角速度 $\boldsymbol{\omega}$ の関係とよく似ている。

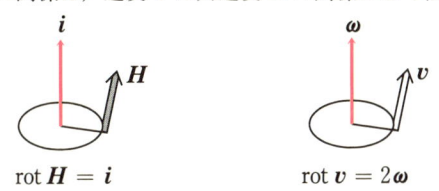

$\mathrm{rot}\,\boldsymbol{H}=\boldsymbol{i}$ $\qquad$ $\mathrm{rot}\,\boldsymbol{v}=2\boldsymbol{\omega}$

「やさしい数学の手引き」にも紹介したが，たとえば力学における速度と角速度の関係は，これとたいへんよく似ている。じっさい，電流密度 $\boldsymbol{i}$ は，角速度 $\boldsymbol{\omega}$ に対応し，係数の2が違うだけである。

図7-10●境界線の線積分は打ち消し合うから，周囲の線積分だけが残る。こうしてアンペールの法則は，任意の形状のループに適用できる。

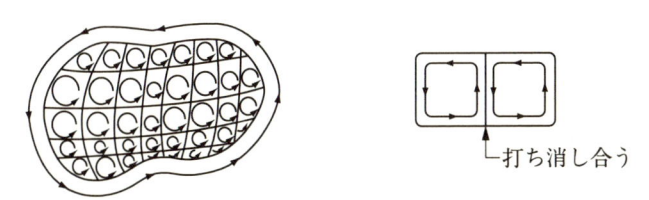

└打ち消し合う

各点各点で $\mathrm{rot}\,\boldsymbol{H}=\boldsymbol{i}$ が成立していれば，その微小なループを「継ぎはぎ」していくことによって，任意のマクロな形状にすることができる。こうして，アンペールの法則は，任意の閉曲面に対して成立することになるのである。

演習問題 7-1 図のように，x-y 座標がそれぞれ (a, a), $(-a, a)$, $(-a, -a)$, $(a, -a)$ である点 A, B, C, D を通り，z 軸に平行な無限に長い 4 本の導線があり，それぞれの導線に z 軸の正方向に大きさ I の定常電流が流れている．

(1) A と B を通る電流が，原点 O につくる合成磁場の大きさと向きを求めよ．

(2) C と D を通る電流が，原点 O につくる合成磁場の大きさと向きを求めよ．

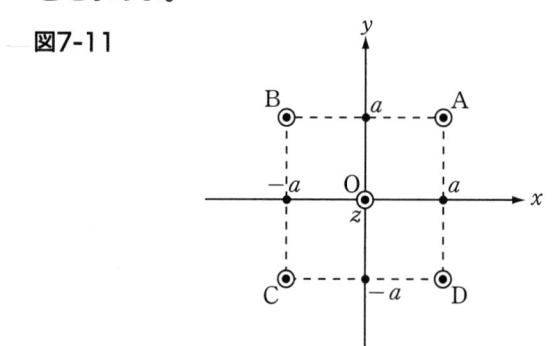

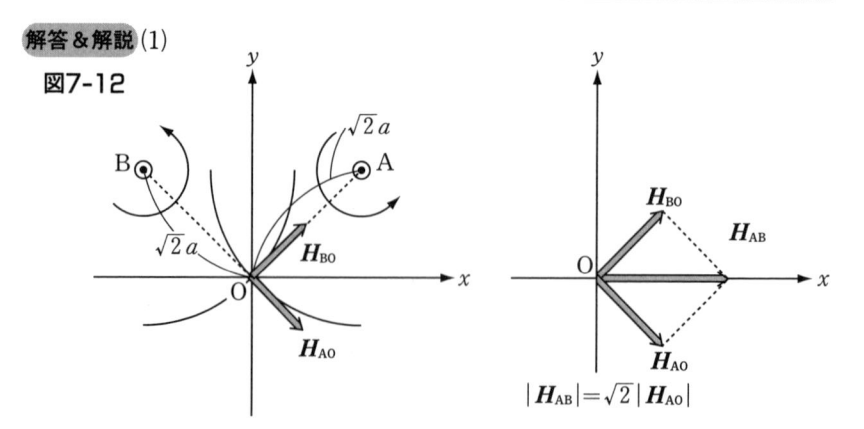

図7-11

解答 & 解説 (1)

図7-12

$|H_{AB}| = \sqrt{2}|H_{AO}|$

右ねじの規則より，電流 A が原点 O につくる磁場は，OD 方向を向き，その大きさ H_{AO} は，

$$H_{AO} = \frac{I}{2\pi\sqrt{2}\,a}$$

また，電流Bが原点Oにつくる磁場は，OA方向を向き，その大きさ H_{BO} は，

$$H_{BO} = \frac{I}{2\pi\sqrt{2}\,a}$$

よって，合成磁場は

$$x\text{ 軸正方向} \quad \cdots\cdots(答)$$

を向き，その大きさ H_{AB} は，

$$H_{AB} = \sqrt{2}\,H_{AO} = \frac{I}{2\pi a} \quad \cdots\cdots(答)$$

(2)

図7-13

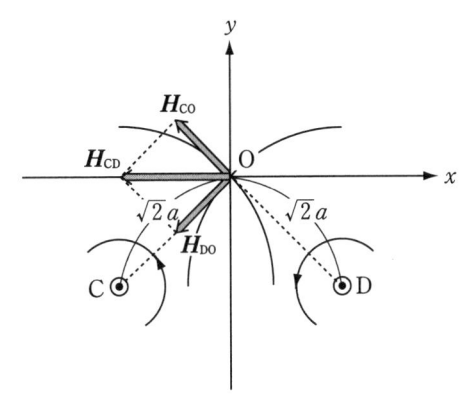

まったく同様にして，電流Cと電流Dが原点Oにつくる磁場は，

$$x\text{ 軸負方向} \quad \cdots\cdots(答)$$

を向き，その大きさ H_{CD} は，

$$H_{CD} = \frac{I}{2\pi a} \quad \cdots\cdots(答) \qquad ◆$$

実習問題 7-1

厚さ $2a$ の無限に広い導体板がある。この導体板の内部に、一方向に一様に、電流密度 i の電流が流れているとき、この導体板の内外に生じる磁場を求めよ。座標軸は、図のように、導体の中央を原点として、電流の流れる方向を z 軸正方向、導体板表面に平行な方向を x 軸方向とする。

図7-14

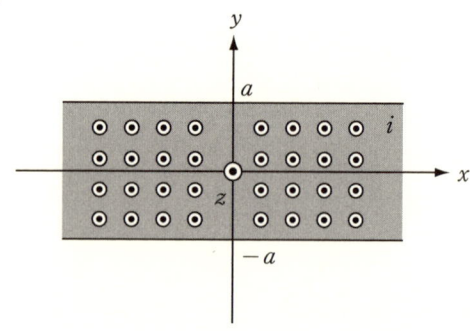

解答&解説

図7-15 ● x 軸に平行な磁場ができる。

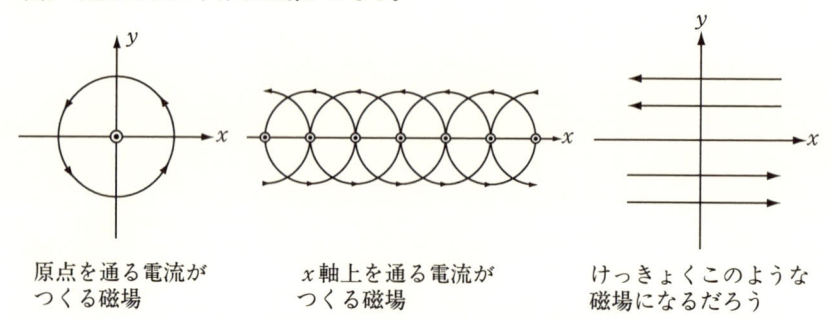

原点を通る電流がつくる磁場

x 軸上を通る電流がつくる磁場

けっきょくこのような磁場になるだろう

原点を通る1本の細い電流に着目すると、その電流がつくる磁場は、z 軸を中心にした回転円になり、その向きは右ねじの規則によって、z 軸のプラス方向から見ると左回りである。このような円形の磁場を x 軸方向に無限に足し合わせると、図から直感的に分かるように、y 軸のプラス側では x 軸マイナス方向を向き、マイナス側では x 軸プラス方向を向いた x 軸に平行な磁場ができる。

図7-16●点Pに対して，対称点 A, B, A′, B′ … や C, D, C′, D′ … が必ずとれる。点Pの磁場の向きは，点Pに対してy方向に導体幅が広いか狭いかで決まる。

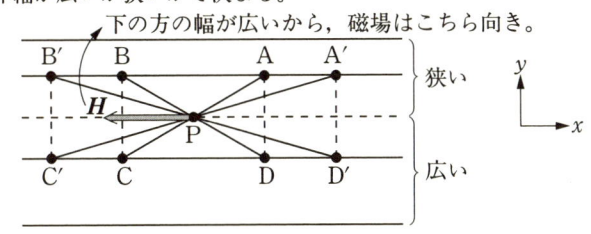

本当にそうだろうかと不安な人のために。磁場のz成分が0であることは明らかである。x, y成分については，演習問題7-1を参考にするとよい。導体は無限に拡がっているから，各点に対応して，演習問題7-1のAとBやCとDに対応する対称点がとれる。それゆえ，生じる磁場はx軸に平行になるはずである。x軸の正方向を向くか負方向を向くかについては，考えている点のy軸プラス側とマイナス側のどちらに電流がたくさんあるかで決まる。x軸上では，すべてがキャンセルして，磁場は0である。

図7-17●長方形 ABCD にアンペールの法則を適用する。

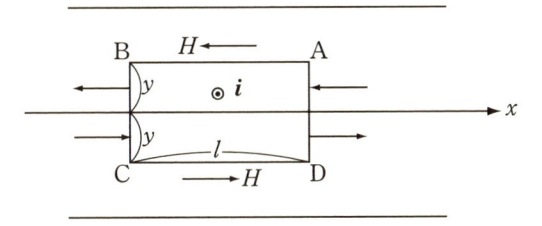

以上のことをふまえた上で，まず導体内部の磁場を求めよう。

導体内部に，x軸に対称的に図のような長さ$l \times 2y$の長方形 ABCDをとり，この長方形にアンペールの法則を適用する。

磁場はy軸に直角だから，辺 AD と BC の $\boldsymbol{H} \cdot d\boldsymbol{s}$ は 0 である。

辺 AB と辺 CD の磁場は，もちろん辺にそって一様だが，その向きは逆で大きさは等しいはずである。その磁場の大きさをHとしておこう（Hの大きさは，yの関数になるはずである）。

この長方形をつらぬく電流の合計は，電流密度×長方形の面積だから，$i \times 2ly$ である。

以上より，アンペールの法則は，A→B→C→D→A というループを1

周して，
$$H\cdot l+0\cdot 2y+H\cdot l+0\cdot 2y=2lyi$$

よって，
$$H=\boxed{\text{(a)}}\quad\cdots\cdots(\text{答})$$

向きは，

$y>0$ では x 軸負方向

$y<0$ では x 軸正方向

（もちろん $y=0$ では $H=0$ である。）

導体外部も，同様な長方形をとればよい。

図7-18 ● 点 A, B, C, D をいくら外にとっても，長方形をつらぬく電流の合計は一定。

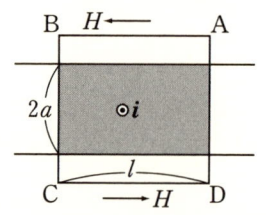

求める磁場の大きさを H とすると，アンペールの法則の左辺は，導体内部の場合と同じである。つまり，辺 BC と辺 DA に関する $\boldsymbol{H}\cdot\mathrm{d}\boldsymbol{s}$ は，導体の内部か外部かにかかわらず 0 である。

BC や AD がいくら大きくても，その内部にある電流は同じであるから，右辺は $i\times 2al$ である。よって，
$$2Hl=2ali$$

ゆえに，
$$H=\boxed{\text{(b)}}\quad(=\text{一定})\quad\cdots\cdots(\text{答})$$

向きは導体内部と同様である。

電場の場合もそうであったが，無限に拡がっているという条件が，導体外部の磁場を，導体板からの距離 y にかかわらず一定にしているのである。◆

─────────────────────

(a) yi　　(b) ai

●ソレノイド・コイルのつくる磁場

問2 無限に長いソレノイド・コイルの内部に生じる磁場の大きさを，アンペールの法則を用いて求めよ。ただしコイルに流れる電流を I，コイルの巻き数を単位長さあたり n とする。また，コイルの外部には磁場は生じないと仮定してよい。

図7-19

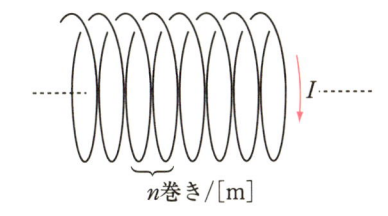

n 巻き／[m]

解答 「(無限に長いソレノイド・)コイルの外部に磁場が生じない」という仮定は，さほど自明ではない(ほとんどのテキストは，このことを自明のこととしているのだが……)。ここでは，とりあえずこの仮定を認め，後程あらためて別の方法で，そうなることを確認することにしよう。

円筒コイルの中心軸の方向を x 方向とすると，コイルの内部に生じる磁場は x 軸と平行になる。なぜなら，コイルは無限に長いので，どの x 座標をとっても，その断面は同等である。もし，x 軸に平行ではない磁場の成分があれば(つまり磁場が平行でなく傾いていれば)，どの断面も同等という対称性が破られてしまうからである。

図7-20

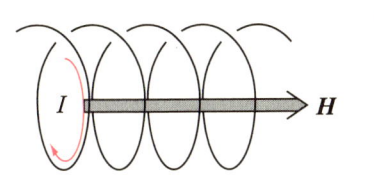

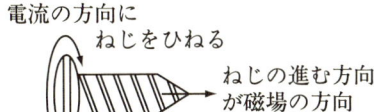

電流の方向にねじをひねる
ねじの進む方向が磁場の方向

コイルの内部に生じる磁場の向きは，右ねじの規則より，コイルを流れる電流の方向にねじをひねったとき，ねじの進む方向である。

直線電流の場合は，磁場の方向にねじをひねったとき，ねじの進む方向が電流の方向であった。コイルの場合は，電流と磁場の関係が逆になっているが，右ねじの規則

はそのまま使えるのである。

図7-21●長方形 ABCD にアンペールの法則を適用する。

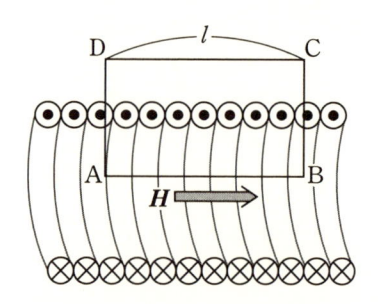

さて，図のような長方形 ABCD の閉曲線を考える。辺 AB はコイルの内部を通る x 軸に平行な直線で，その長さを l とする。辺 CD はコイルの外部にとる。

この長方形 ABCD にアンペールの法則を適用してみよう。

この長方形にそって進むときカウントされる磁場は，磁場が x 軸に平行ということより，辺 AB の部分だけである。BC と DA は磁場に直角だからカウントされないし，CD はコイルの外部だからである。

AB 上の磁場の大きさはどこも同じはずだから，それを H とすると，

$$\int_A^B \boldsymbol{H} \cdot d\boldsymbol{s}$$

は，積分するまでもなく，

$$Hl$$

である。

一方，この長方形をつらぬくコイルの本数は nl だから，長方形をつらぬく電流の合計は，

$$nlI$$

である。よって，アンペールの法則より，

$$Hl = nlI$$

すなわち，

$$H = nI$$

という簡単な法則が出てくる。◆

●ビオ-サバールの法則

電流がつくる磁場を求めるもう１つの有名な方法が，**ビオ-サバールの法則**である。有名な法則ではあるが，こちらはアンペールの法則と比べるといささか複雑である。それゆえ，たんに磁場を求める手段ということであれば，アンペールの法則を使えるケースでは，そちらで処理した方が賢明である。

しかし，我々はたんに答えを求めるための公式を覚えようとしているのではない。本来，アンペールの法則もビオ-サバールの法則も，同じ自然法則であるはず である。この２つの法則がどのようにして結びついているのか，そこのところまで知らなければ，本書の読者諸氏は納得されないであろう。そして，それが理解されれば，たんに磁場の法則だけではなく， 静電場と静磁場を合わせた電磁気学の美しい体系 が現れることだろう。本講義の第一の目的はそこにある。

まず，ビオ-サバールの法則を簡明な形で紹介する。

図7-22● ビオ-サバールの法則の基本形

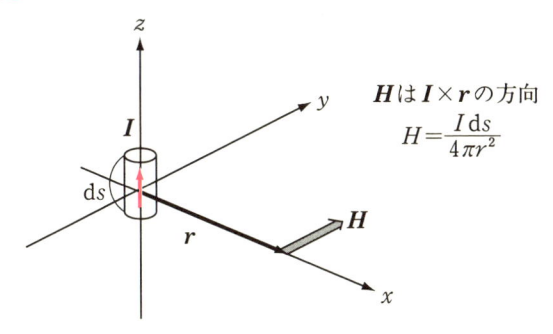

H は $I \times r$ の方向
$$H = \frac{I\,ds}{4\pi r^2}$$

座標軸 x-y-z をとり，原点を通り z 軸にそった導線を考える。この導線の中を z 軸正方向に電流 I が流れているとしよう。電流はとうぜん連続した回路の中を流れているわけだが，いま，原点近傍の z 軸にそった ds という短い距離を流れている電流だけに着目する。ビオ-サバールの法則は，微小な電流がつくる磁場に関する法則なのである(それゆえ，長い距離を流れる電流がつくる磁場を求めるには，$I\,ds$ を積分しなければならない。だから複雑になるのである)。

この微小な電流素片 $I\,\mathrm{d}s$ が，x 軸上の $x=r\,(>0)$ の点につくる磁場 $\mathrm{d}H$ について考えよう。この磁場の向きは，右ねじの規則より y 軸正方向である。それゆえ，ベクトル積を用いて磁場 $\mathrm{d}H$ の方向を示すなら，それは $\boldsymbol{I}\times\boldsymbol{r}$ の方向である。

そして，磁場の大きさは，

$$\mathrm{d}H = \frac{I\,\mathrm{d}s}{4\pi r^2}$$

となる。これが，ビオ-サバールの法則の「基本形」である。基本形と書いた意味は，もし電流 $\boldsymbol{I}$ と位置ベクトル $\boldsymbol{r}$ が直角でない場合，磁場の大きさは，ベクトル積 $\boldsymbol{I}\times\boldsymbol{r}$ の大きさに比例して小さくなるからである（つまり，$\boldsymbol{I}$ の $\boldsymbol{r}$ に対する直角成分だけが磁場をつくるのに寄与する）。

この導線の断面積を $\mathrm{d}S$，電流密度を i とすると，$I=i\,\mathrm{d}S$ であるから，$\mathrm{d}S\times\mathrm{d}s$ の微小な体積を $\mathrm{d}V$ として，

$$I\,\mathrm{d}s = i\,\mathrm{d}S\,\mathrm{d}s = i\,\mathrm{d}V$$

である。さらに，電流密度 i は，電荷密度 ρ に速度 v をかけたものであったから（111ページ），

$$I\,\mathrm{d}s = i\,\mathrm{d}V = \rho v\,\mathrm{d}V$$

となる。けっきょく，電流の代わりに電荷密度 ρ とその速度 v を用いて，ビオ-サバールの法則を書けば，

$$\mathrm{d}H = \frac{\rho v}{4\pi r^2}\,\mathrm{d}V$$

基本形を一般形にして，ベクトル表示すると，

$$\mathrm{d}\boldsymbol{H} = \frac{\rho \boldsymbol{v}\times\boldsymbol{r}}{4\pi r^3}\,\mathrm{d}V$$

図7-23 磁場の大きさは $\rho \boldsymbol{v}\times\boldsymbol{r}$ に比例

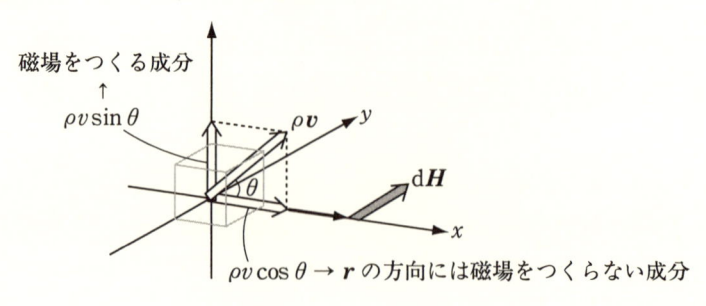

(分母の r が 3 乗になっているのは，もちろん，分子に記号 r を入れたためである。この法則は本質的に，クーロンの法則と同じ逆 2 乗則 である。)

　磁場の大きさが $\sin\theta$ の割合で減るのは，図のように電荷の速度を分解したとき，磁場をつくる速度成分は r に直角な成分だけだからである。すなわち，$\boldsymbol{v}$ と $\boldsymbol{r}$ のベクトル積というわけである。

　さて，
$$\mathrm{d}H = \frac{\rho v}{4\pi r^2}\mathrm{d}V$$
を見て，何を感じられるであろう？

　速度 v を取り除くと，
$$\frac{\rho}{4\pi r^2}\mathrm{d}V$$
であるが，これは密度 ρ の電荷がつくる電場(正確には電束密度)の式！である。

　$\rho\,\mathrm{d}V$ を，考えている電荷分布で積分すれば，全体の電気量 q になるから，
$$\frac{q}{4\pi r^2}$$
となり，クーロンの法則そのものである。

　ただし，これは電束密度 $\boldsymbol{D}$ である。電場 $\boldsymbol{E}$ は，
$$E = \frac{q}{4\pi\varepsilon_0 r^2}$$
で，ε_0 だけ係数が異なる。その理由は次の通りである。電場 $\boldsymbol{E}$ は直接測定できる力であり，力の単位「ニュートン」と一致させるために ε_0 が必要なのであった。一方，磁場 $\boldsymbol{H}$ は直接測定できる量ではないのである(さらにいえば，磁場は，絶対的に実在するものでもない(講義 8 参照))。それゆえ，磁場の大きさは定義次第であり，簡便のために妙な定数をつけるのはやめて，たんに，アンペア／メートルの単位としておくのである。

　我々が直接測定できる量は力であるが，磁場の力は講義 8 で紹介するローレンツ力として見えてくる。そのとき，はじめて単位ニュートンと一致する係数が必要となる。その段階で我々は磁束密度 $\boldsymbol{B}$ ($=\mu_0 \boldsymbol{H}$) を導入することになる。

　つまり，実用的な単位の面からみると，電場 $\boldsymbol{E}$ と磁束密度 $\boldsymbol{B}$ が対をなし，電束密度 $\boldsymbol{D}$ と磁場 $\boldsymbol{H}$ が対をなすのである。

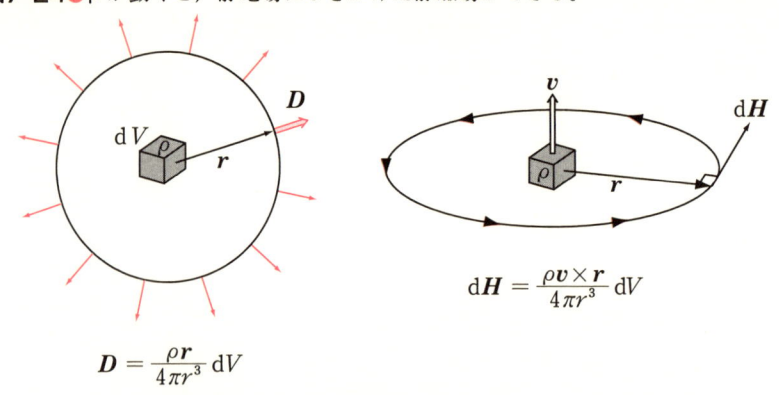

図7-24 ● ρ が動くと，静電場に v をかけた静磁場ができる。

$$D = \frac{\rho r}{4\pi r^3} dV$$

$$dH = \frac{\rho v \times r}{4\pi r^3} dV$$

けっきょく，電荷が動くとき，その周囲に回転する磁場ができるのだが，その大きさは速度 v（の直角成分）に比例し，かつクーロンの静電場と同じ逆2乗則にしたがうのである。

> ビオ–サバールの法則は，静電場におけるクーロンの法則の静磁場版であり，それはクーロンの法則に電荷の速度 v をかけたものである。

演習問題 7-2 半径 r の円形コイルに定常電流 I が流れているとき,そのコイルの中心に生じる磁場を求めよ。

図7-25

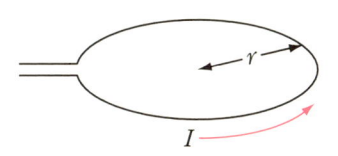

解答&解説 コイルの微小な円弧(長さ ds)を考えると,その部分の電流がコイルの中心につくる磁場 dH の向きは,ビオ-サバールの法則によって,$I \times r$ より,I から r の方向にねじをひねったときに,ねじの進む方向(あるいは,ソレノイド・コイルと同じで,I の流れる方向にねじをひねってもよい)である。

図7-26

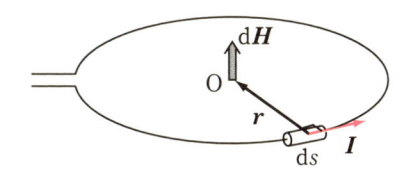

その大きさは,ビオ-サバール

$$dH = \frac{I\,ds}{4\pi r^2}$$

これを円周にわたって積分すれば,I と r が一定だから,

$$\oint_c ds = 2\pi r$$

よって,

$$H = \int dH = \oint_c \frac{I\,ds}{4\pi r^2}$$
$$= \frac{I}{4\pi r^2} \cdot 2\pi r = \frac{I}{2r} \quad \cdots\cdots(\text{答})$$

となり,円形コイルの電流が円の中心につくる磁場が簡単に求まる。◆

●円形コイルの中心軸上の磁場

次に，円形コイルの中心だけではなく，中心軸上の磁場の大きさを求めてみよう。座標軸や記号は，図のようにとるとする。

中心軸上でも，磁場の方向は，電流をコイルにそってひねったときのねじの進む方向であることは，対称性から明らかである。しかし，微小な円弧上の電流 $I\,\mathrm{d}s$ が中心軸上につくる磁場は，図のように $\boldsymbol{I}\times\boldsymbol{l}$ の方向だから，z 軸方向を向かない。

図7-27● $\oint_C \mathrm{d}\boldsymbol{H}$ は，$\mathrm{d}H_z$ の合計となる。

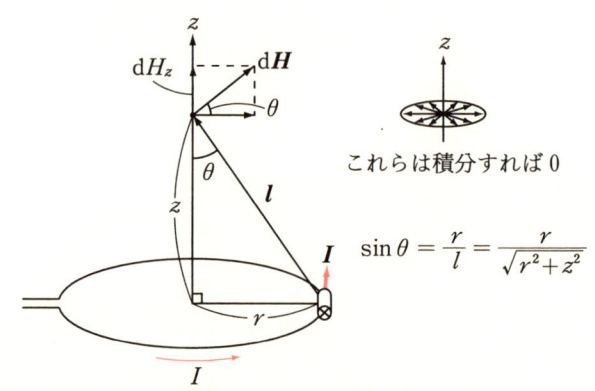

これらは積分すれば0

$$\sin\theta = \frac{r}{l} = \frac{r}{\sqrt{r^2+z^2}}$$

そこで，この $I\,\mathrm{d}s$ がつくる磁場 $\mathrm{d}H$ を，その z 成分 $\mathrm{d}H_z$ とそれに直角な成分に分解すれば，

$$\mathrm{d}H_z = \mathrm{d}H \sin\theta$$

であり，直角な成分は，円周方向に積分すれば(放射状に拡がるベクトルの和だから) 0 となるだろう。それゆえ，$\mathrm{d}H_z$ だけを求めればよい。

ビオ-サバールの法則より，

$$\mathrm{d}H = \frac{I\,\mathrm{d}s}{4\pi l^2} = \frac{I\,\mathrm{d}s}{4\pi}\cdot\frac{1}{r^2+z^2}$$

ゆえに，

$$\mathrm{d}H_z = \mathrm{d}H \sin\theta = \mathrm{d}H\frac{r}{l} = \mathrm{d}H\frac{r}{\sqrt{r^2+z^2}}$$

$$= \frac{I\,\mathrm{d}s}{4\pi(r^2+z^2)} \cdot \frac{r}{\sqrt{r^2+z^2}}$$

$$= \frac{Ir}{4\pi(r^2+z^2)^{\frac{3}{2}}}\,\mathrm{d}s$$

この $\mathrm{d}H$ を円周にそって積分,すなわち $2\pi r$ をかければ,z での磁場の大きさとなるはずである。

$$H_z = \int_{\text{円周}} \mathrm{d}H_z = \oint_C \frac{Ir}{4\pi(r^2+z^2)^{\frac{3}{2}}}\,\mathrm{d}s$$

$$= \frac{Ir}{4\pi(r^2+z^2)^{\frac{3}{2}}} \cdot 2\pi r$$

$$= \frac{Ir^2}{2(r^2+z^2)^{\frac{3}{2}}}$$

もちろん,$z=0$ とすれば,コイルの中心での磁場 $I/2r$ となる。

以上,ビオ-サバールの法則は,アンペールの法則より複雑ではあるが,円形コイルに関してはなかなか便利のよい方法であることが分かるだろう。

さて,この結果を用いて,実習問題では,積分の練習をして頂こう。

> **実習問題 7-2**
>
> ソレノイド・コイルを，円形コイルの重ね合わせたものとみなして，コイルの中心軸上の磁場の大きさを求めよ。ただし，ソレノイド・コイルは無限に長く，その半径を r，単位長さあたりの巻き数を n，コイルに流れる電流の大きさを I とする。

解答 & 解説 コイルの中心軸を x 軸にとり，中心軸上のある点(そこを原点とする)の磁場を求めよう。

図7-28● ソレノイド・コイルの1巻きは，円形コイルと同じ。

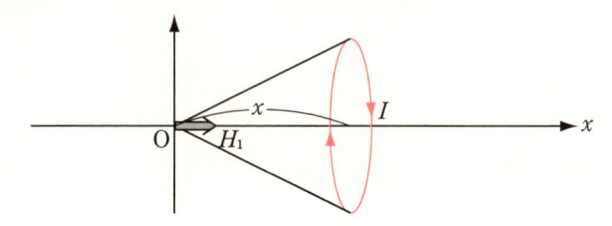

$x=x$ にある1巻きのコイルが原点につくる磁場の大きさは，円形コイルの場合と同じだから，その磁場を H_1 とすると，

$$H_1 = \frac{Ir^2}{2(r^2+x^2)^{\frac{3}{2}}}$$

x と $x+dx$ の間のコイルの巻き数は $n\,dx$ だから，この間のコイルが原点につくる磁場の大きさ dH は，

$$dH = H_1 \times n\,dx$$
$$= \frac{Ir^2}{2(r^2+x^2)^{\frac{3}{2}}} \times n\,dx$$

これを $-\infty$ から $+\infty$ まで，dx について積分すればよい。あるいは対称性から，0 から $+\infty$ まで積分し，それを2倍しておいてもよいだろう。

$$H = \int dH = \int_{-\infty}^{\infty} \frac{Ir^2}{2(r^2+x^2)^{\frac{3}{2}}} \times n\,dx$$

I, r, n は定数だから前に出して，

$$= \boxed{\text{(a)}}$$

さて、ここからの計算は、積分の公式をそのまま適用してもよいのだが、それではいつまでたっても公式依存から抜け出せないから、公式を知らなくても計算できる方法を身につけておこう。

図7-29●図よりdxと$d\theta$の関係を求める。

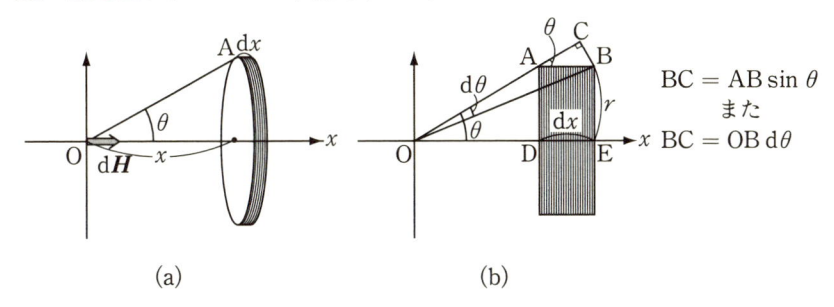

(a) (b)

図7-29(a)のように角度θをとると、xを0から∞まで動かす間に、θは$\pi/2$から0まで動く。そこで変数をxからθに変換することにしよう(たいていの場合、こうした方が計算が簡単である)。

そこで、微小なdxの部分を少し拡大して描き、図(b)のように各点を表す記号を定める。DEおよびABの長さがdxであり、ADおよびBEがコイルの半径rである。

xがDからEまでdxだけ動く間に、角度θはOAからOBまで$d\theta$だけ動く。△ABCは直角三角形であるが、辺BCは微小な角$d\theta$に対する円弧でもある。そこで、

$$BC = AB \sin\theta = dx \sin\theta$$
$$BC = OB\, d\theta$$

ここで、OBは原点とコイルの間の距離$l\,(=OA=r/\sin\theta)$にほぼ等しいから(この「ほぼ」を「イコール」にしてしまうところが、微分の微分たるところである)、

$$BC = \frac{r}{\sin\theta} d\theta$$

以上より、

$$\mathrm{d}x \sin\theta = \frac{r}{\sin\theta}\mathrm{d}\theta$$

$$\therefore\ \mathrm{d}x = \boxed{\text{(b)}}$$

また，
$$\sqrt{r^2+x^2} = l = \frac{r}{\sin\theta}$$

であるから，けっきょく，

$$H = \boxed{\text{(a)}}$$
$$= nIr^2 \int_0^{\frac{\pi}{2}} \frac{\sin^3\theta}{r^3} \cdot \frac{r\,\mathrm{d}\theta}{\sin^2\theta}$$
$$= nI \int_0^{\frac{\pi}{2}} \sin\theta\,\mathrm{d}\theta$$

という具合に，x を θ に変換すれば，簡単な積分計算になる。積分部分は1であるから，

$$= \boxed{\text{(c)}}$$

となり，問2で求めた値と同じになる。◆

　さて，このようにしてビオ-サバールの法則を元にして求めた結果は，あくまでコイルの中心軸上の磁場であり，それ以外の場所(コイルの外部や，内部の中心軸以外の場所)とは何のかかわりもない。

　それに対してアンペールの法則から求めた磁場は，1周する長方形をとったから，中心軸以外の場所にもかかわってくる。

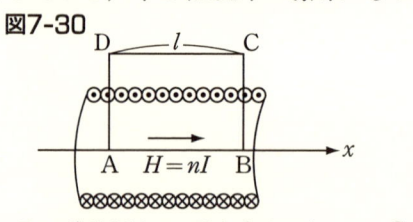

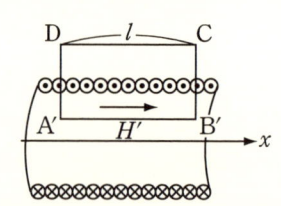

図7-30

A→Bの積分だけで nIl となるから，C→Dの積分は0でなくてはならない。

C→Dの積分が0なら，中心軸以外のA'→B'の積分も nIl でなくてはならない。

(a) $nIr^2 \int_0^\infty \frac{1}{(r^2+x^2)^{\frac{3}{2}}}\mathrm{d}x$　(b) $\frac{r}{\sin^2\theta}\mathrm{d}\theta$　(c) nI

たとえば，図のようにコイルの中心とコイルの外部を含む長方形をとるとしよう。そうすると，ビオ–サバールの法則から辺 AB 上の磁場が nI と分かっていれば，コイルの外部の磁場は必然的に 0 にならざるを得ないことが分かる。

また，コイルの外部の磁場が 0 と分かれば，こんどは中心軸に平行だが，中心軸ではない辺 A′B′ を含む長方形をとると，そこの磁場もまた nI でならねばならないと分かる。

図7-31●有限の長さのソレノイド・コイルのつくる磁場

もっとも，これらはソレノイド・コイルが無限に長い場合である。現実のコイルは有限の長さであるから，その長さに応じて，外部にも磁場が生じ，またコイルの内部の磁場も一様ではなくなってくる (図 7-31)。

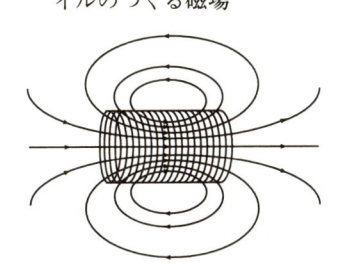

●ベクトル・ポテンシャル

さて，アンペールの法則とビオ–サバールの法則は，どのように結びつくのであろうか。それが我々のもっとも知りたいところである。講義 7 のしめくくりとして，そのことを調べてみよう。

静電場と静磁場の構造的な関係を直感的に把握するには，簡潔な形式であるマクスウェルの方程式，すなわち場の微分形をみるのがよい。

クーロンの法則，あるいはガウスの法則は，「ぜい肉」をそぎ落とせば次のように書けるのであった。

$$\mathrm{div}\,\boldsymbol{D} = \rho$$

（余分な比例定数 ε_0 を除くため，電場 $\boldsymbol{E}$ ではなく電束密度 $\boldsymbol{D}$ で表現しておく。）

この式の意味は，電荷があるところでは，その電荷に相当する場が球対称状に発散しているということである。

一方，アンペールの法則の「ぜい肉」をそぎ落とすと，

$$\mathrm{rot}\,\boldsymbol{H} = \rho\boldsymbol{v}$$

と書ける。この式の意味は，電荷が動いているとき，その速度に比例す

る場が，渦巻き状に存在するということである。

　静電場と静磁場のこのように見事な対応関係には，何か深い意味があると推測されるが，その答えは相対性理論によって明らかにされる。相対性理論は，一言でいえば，物体が速度 v をもつとき，それに応じて時間や空間の尺度を変更しなければならないと主張する。すなわち，端的にいえば，静磁場とは静電場の相対論的補正なのである。

　さて，電場は中心力であるがゆえに，万有引力と同様なポテンシャルを想定することができた。すなわち，スカラー場である電位 V をもってくると，電場はその傾きとして記述できる。こうして我々は，起伏のある山や谷と，その斜面を転がり落ちるボール，というような直感的なイメージで電場というものを捉えることができるのである。

　点電荷 q のつくる電位は，比例定数 ε_0 を除き，さらに電荷密度 ρ を用い，それを ϕ とすれば，

$$\phi = \frac{\rho}{4\pi r}$$

である。

　磁場についてもこのようなポテンシャルを想定できないだろうか。

　結論をいえば，電場と同様なスカラー・ポテンシャルをつくることはできない。なぜなら，磁場は回転であるが，「発散」によって生じる山や谷といった斜面上で，ループを描くような傾斜をつくることはできないからである。

　しかし，抽象的ではあるが，次のような数学的操作を考えてみよう。

　まず，単独の磁荷は存在しないことより，つねに，

$$\mathrm{div}\,\boldsymbol{H} = 0$$

が成立する。ところで，付録の「やさしい数学の手引き」に示したように，純粋な数学的恒等式として，任意のベクトル $\boldsymbol{A}$ をもってきたとき，つねに，

$$\nabla\cdot(\nabla\times\boldsymbol{A}) = 0 \quad \text{あるいは，} \quad \mathrm{div}(\mathrm{rot}\,\boldsymbol{A}) = 0$$

となる。そこで，$\mathrm{div}\,\boldsymbol{H}$ がつねに 0 であるなら，

$$\boldsymbol{H} = \nabla\times\boldsymbol{A} \quad \text{あるいは，} \quad \boldsymbol{H} = \mathrm{rot}\,\boldsymbol{A}$$

となるような A が，必ず存在する（A の一般的な定義は，講義8で登場する真空の透磁率 μ_0 を用いて，$\mu_0 H = \text{rot}\, A$ であるが，本質的なことは何も変わらないので，μ_0 を省いておく）。証明は略するが，このベクトル A には，スカラー・ポテンシャル同様，一定の任意性がある。すなわち上式に，

$$\text{rot}\, H = \rho v$$

を適用すると，

$$\text{rot}(\text{rot}\, A) = \rho v$$

「やさしい数学の手引き」に示したベクトル解析，

$$\nabla \times (\nabla \times A) = \nabla(\nabla \cdot A) - \nabla^2 A$$

において，A の任意性より $\nabla \cdot A = 0$ を選ぶと，

$$\nabla^2 A = -\rho v$$

を得る。これはベクトル式であるが，3つの成分に分けて書けば，

$$(A_x, A_y, A_z) = \left(\frac{\rho v_x}{4\pi r}, \frac{\rho v_y}{4\pi r}, \frac{\rho v_z}{4\pi r} \right)$$

つまり，電場のスカラー・ポテンシャル ϕ に v をかけたものに等しい！こうして，電位 ϕ と A_x, A_y, A_z は，見事に対応することになる。

よって，A は磁場に関するポテンシャルとみなすことができるであろう。この A を，磁場 H の**ベクトル・ポテンシャル**と呼ぶ。

ビオ-サバールの法則は，ベクトル・ポテンシャル A の rot（回転）をとったものであることはいうまでもない。

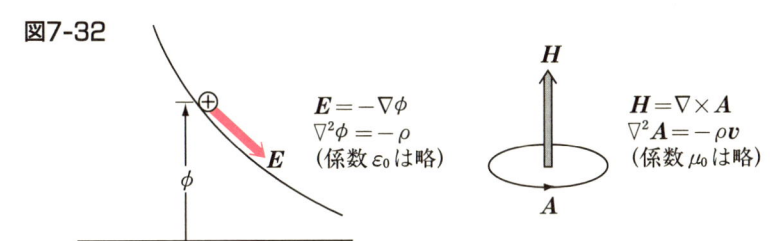

図7-32

$E = -\nabla \phi$
$\nabla^2 \phi = -\rho$
（係数 ε_0 は略）

$H = \nabla \times A$
$\nabla^2 A = -\rho v$
（係数 μ_0 は略）

電場はスカラー・ポテンシャル ϕ の傾き (grad) である。

磁場はベクトル・ポテンシャル A の回転 (rot) である。

このようにして，我々はマクスウェルの方程式という形式的な表現を通して，アンペールの法則とビオ-サバールの法則だけではなく，静電場と静磁場の見事なまで美しい対称性を知ることができるのである。

講義 LECTURE 08 ローレンツ力

磁場は（電場と同様），直接観測できる量ではない。

我々が直接観測できるのは，力である。そういう意味で，電場や磁場は仮想的な存在である。それゆえ，その定義にはある種の任意性があったのだった（たとえば，電場 E と電束密度 D の両方が定義できるように）。

それでは，電荷と電荷の間に働く，直接観測可能な磁気的な力とはどのようなものだろうか。

じつは，電場の力と異なり，磁場の力は少し奇妙である。たとえば，一見，作用・反作用の法則が成り立たないように見える場合がある。しかし，そうしたことは，本講義の最後に考察することにして，とりあえず簡単な結論から述べることにしよう。

●磁場の力

講義1でも取り上げたことだが，磁気の力はすべて電荷の動きにかかわっている。電荷の動き（電流）がなければ磁場が生じないことは，すでに講義7で説明した。そして，たとえ磁場が存在しても，電荷が動かなければ，その電荷は磁場から力を受けない。

図8-1

静電気力　$F = qE$

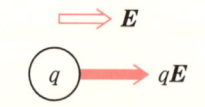

q が大きければ力は大きい。
E が強ければ力は大きい。

磁気力　$F \propto qvH$

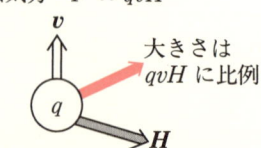

大きさは qvH に比例

q が大きければ力は大きい。
H が強ければ力は大きい。
v が速ければ力は大きい。

以上のことから，磁場の力は電荷の速さ v に比例するのではないかと予想される(v^2 あるいは $\sqrt{v}$ に比例するのかもしれないが……)。また，静電場の力が，電気量 q が大きければ大きく，電場の大きさ E が大きければ大きいように，磁場の力もまた，電荷の大きさ q と磁場の大きさ H に比例するであろう。そこで，磁場の力の大きさ F は，
$$F \propto qvH$$
と書けるのではないかと予想される(観測すると，じっさいそうなる)。
　ここで単位をそろえよう。q はクーロン，v はメートル／秒，H はアンペア／メートルであるから，右辺はアンペア^{2}である。左辺はもちろんニュートンでなくてはならない。よって，アンペア^{2}とニュートンを結ぶ，$[N/A^2]$ という単位をもった比例定数 μ_0 を導入する(この μ_0 を**真空の透磁率**と呼ぶが，これが真空の誘電率 ε_0 と対応していることが，次第に明らかになってくるであろう)。
$$F = \mu_0 qvH$$
　この式の意味は，$1[C]$ の電荷が速さ $1[m/s]$ で，強さ $1[A/m]$ の磁場の中を動くとき，μ_0 ニュートンの力を受けるということである。そしてこの力の値は，ぴったり $4\pi \times 10^{-7}$ ニュートンである(ということは，そこに何か作為的な匂いを感じるが，そのことはちょっとあと回しにしよう)。

●磁束密度 B

　ここで，表現を簡潔にするために，磁場 H に比例定数 μ_0 をかけた量，
$$B = \mu_0 H$$
を新たに導入する。前述したように，仮想的な存在である磁場の定義には，ある種の任意性があるのだから，このように定義した B を広義に磁場と呼んでも差し支えあるまい。
　我々は静電場のところで，電場 E に対して，電束密度 $D = \varepsilon_0 E$ を導入した。そこから類推すれば，ε_0 と μ_0 を対応させて，磁場 H にたいして $B = \mu_0 H$ を**磁束密度**と呼ぶのが妥当であろう。
　q クーロンの点電荷からは，q 本の電束が出ている。それゆえ，電束密度の単位は，$[C/m^2]$ である。磁束密度も同様に考えて，ウェーバーという磁荷の単位を導入

し，q_m ウェーバーの点磁荷からは，q_m 本の磁束が出ているとするのである。そうすると，磁束密度 B の単位は，[Wb/m²] となる。しかし，そうした仮想的な単位ではなく，現実に測定できる単位を用いるなら，磁束密度の単位は，[N/A·m] である。

さらにいえば，静電場と静磁場の対称性から考えるなら，電場 E ↔ 磁場 H，電束密度 D ↔ 磁束密度 B，という対応関係が成り立つが，観測可能な力という観点から考えれば，電場 E ↔ 磁束密度 B という対応関係になるのである。つまり，ニュートンという力に直接対応しているのは，E と B なのである。電場 E と磁束密度 B を主要な物理量として書かれたテキストが多いのは，そういう理由による。

以上より，けっきょく，

$$F = qvB$$

これが，磁場の力のもっとも簡潔な表現である。

次に，力の向きを示しておこう。電流がつくる磁場が，ベクトル積すなわち回転によって表されたように，磁気の力もまた同様にベクトル積すなわち回転で表される（なぜそうなるかはあとで考えよう）。

図8-2 v から B にねじをひねる。

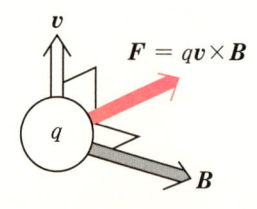

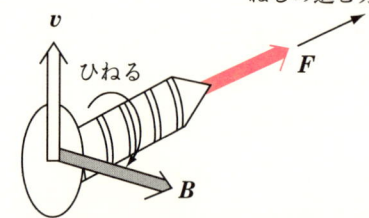

上の磁場の大きさの式で，速度 v と磁束密度 B はベクトルであるから，このベクトル積 $v \times B$ の方向が力の向きとなる（ねじをひねる向きがなぜ，v から B であって，B から v でないか，という問いにはあまり意味がない。講義7，114〜115 ページで述べたのと同じ理由である）。

よって，最終的に磁気の力は，

$$F = qv \times B$$

という形で表される。q が負のときは力の向きは逆になるが，q を正負こみで考えておけば，上式は q が負でも正しい表現を与える。

●ローレンツ力

電荷 q は，もし静電場 E があれば，qE というクーロン力を受ける。

これは磁場の存在とは独立に成り立つことである。そこで，運動する荷電粒子に働く電磁気的な力は，全体として，

$$F = q(E + v \times B)$$

ということになる。この力を，**ローレンツ力**と呼ぶ。

粒子に働く力が分かっていれば，ニュートンの運動方程式からその粒子の運動は決定されるから，荷電粒子の運動を決めるものは，前述のローレンツ力の式で尽きているということである。

問1 磁束密度の大きさ B の一様な磁場がある空間で，電気量 q の荷電粒子に，磁場に垂直に速さ v を与えると，その荷電粒子はどのような運動をするか。ただし，静電場は存在せず，重力も無視できるとする。

解答 荷電粒子は，磁場にも速度の方向にも垂直に qvB の力を受ける。この力は，粒子の運動方向に対して垂直だから仕事をせず，それゆえ，この力は粒子の運動の向きは変えるが，速さを変えることはない。それゆえ，この粒子に働く力の大きさは，つねに qvB で一定である。運動方向に垂直に一定の大きさの力が働けば，その力は向心力となり，粒子は等速円運動をするはずである。

図8-3 ● 荷電粒子は移動方向に垂直に一定の大きさ qvB の力を受ける。

図8-4 ● 荷電粒子は等速円運動をする。

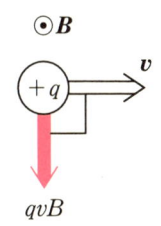

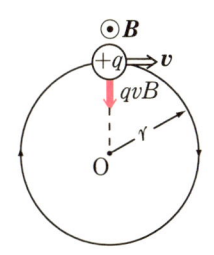

いま，粒子の質量を m とし，円運動の半径を r とすれば，粒子の運動方程式は，

$$m\frac{v^2}{r} = qvB$$

となり，軌道半径 r は，

$$r = \frac{mv}{qB}$$

である。また，回転の周期を T とすると，

$$T = \frac{2\pi r}{v} = \frac{2\pi m}{qB}$$

となって，面白いことに，粒子の速さ v にはよらないことが分かる。◆

> **演習問題 8-1**
>
> 極板間隔 d で，十分に広い面積をもつ，平行平板コンデンサーに電圧 V がかかっている。このコンデンサーの極板に平行な方向に，磁束密度 B の一様な磁場をかける。この極板の陰極側に1個の自由電子を置くと，この電子はそのあと，どのような運動をするか。ただし，電子の質量を m，電荷を $-e$ とし，極板間は真空で，電子に働く重力は無視できるとする。また，電場と磁場は，電子が陽極側に到達しない大きさに調整されているとする。

解答＆解説

図8-5

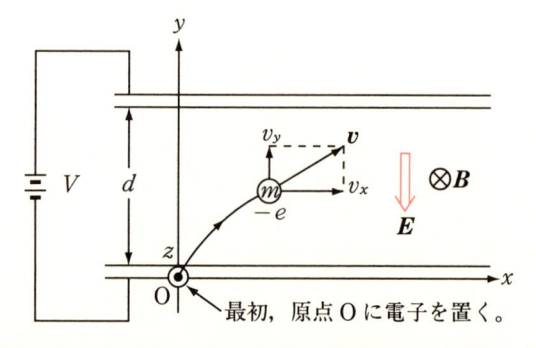

座標軸を図のようにとる。すなわち，磁場 B は z 軸の負方向を向き，陰極側の極板の最初に電子を置く場所を原点とする。

ある時刻 t での電子の位置を (x, y)，速度成分を (v_x, v_y) とし，この瞬間に電子が受けるローレンツ力はどうなるかを考えてみよう。

極板間の電場 E は，講義5 (70ページ) で学んだように，大きさが $E = V/d$ で向きは $-y$ 方向である。ゆえに，電子は電場より y 軸正方向に大きさ $eE (= eV/d)$ の静電気力を受ける。

磁場は z 軸方向を向いているから，その力 $-e\bm{v} \times \bm{B}$ は，電子の z 方向の速度成分には働かない。つまり，この電子に働くローレンツ力は，x 方向と y 方向だけであって，電子を z 方向に動かすことはない。ところで，電子は最初静止している (速度の z 成分がない) から，そのあと運動はつねに x-y 平面上にあることになる (もし，はじめに電子の z 方向の速度成

分があれば，電子は z 方向には等速度運動をすることになる)。

電子の運動方程式は，ベクトル表記すれば，

$$m\frac{d\bm{v}}{dt} = -e(\bm{E} + \bm{v} \times \bm{B})$$

であるが，じっさいの計算は x 方向，y 方向に分けて書き下せばよい。それゆえ，速度成分を v_x と v_y に分けて，それぞれに働く磁場の力もまた x, y に分けて考えることにしよう。(電子の電荷が負であることを考慮して，v_x および v_y が正のとき) v_x に働く力は $-y$ 方向，v_y に働く力は $+x$ 方向である。

図8-6●磁場による力を，x 成分と y 成分に分けて考える。

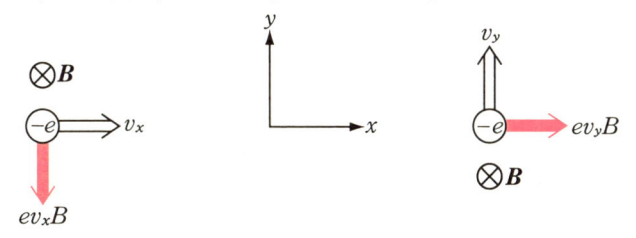

図8-7●電子に働くローレンツ力のすべて。

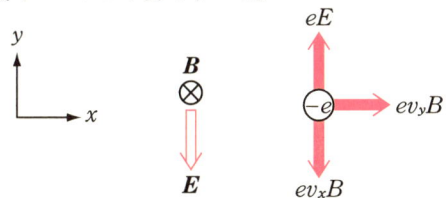

よって，けっきょく電子の運動方程式は，

$$x\,方向：m\frac{dv_x}{dt} = ev_y B$$

$$y\,方向：m\frac{dv_y}{dt} = eE - ev_x B$$

となる。

これは簡単な微分方程式である。以降は，数学的操作ということになるのだが，数学は苦手という人のために付録2 (231ページ) に，詳しい解法を記しておいた。

物理をイメージするのは得意だが，数学は苦手という人はけっこう多いであろう。物理数学を体得するコツは，個々の問題にゆきあたったときに，その解法を確実にも

のにしていくことである。そうすれば，たんなる抽象的数学概念としてではなく，具体的な物理的イメージとして数式を捉えることができるであろう。

　時刻 0 で，電子は原点に静止しているという初期条件まで考慮して解を求めると，次のように，

$$x = \frac{E}{B}\Bigl(t - \frac{1}{\omega}\sin\omega t\Bigr)$$

$$y = \frac{E}{B\omega}(1-\cos\omega t) \quad \Bigl(ただし，E = \frac{V}{d}, \omega = \frac{eB}{m}\Bigr) \quad \cdots\cdots(答)$$

である。

　この結果から，電子はどのような軌道を描くのかをイメージしてみよう。上の x, y の結果から時間 t を消去すれば，電子の軌道の式が出てくるわけだが，その前に，x の解が，$\frac{E}{B}t$ という項をもっていることに着目しよう。これは，電子が三角関数の解以外に，x 方向に一定速度 E/B で並進運動するということを意味している。そこで，x 方向に一定速度 E/B で動く座標系に乗ってみる（じつは，座標系を変えると，電子の速度が変わって見える。それゆえ，磁場の力が異なったものになるという大問題がある。しかし，それについては，本講義の最後で考察することにする）。

図8-8●座標系 x'-y' から見ると，電子は等速円運動をする。

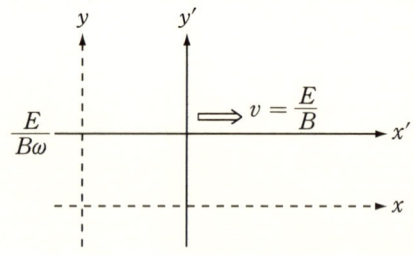

すると，$\frac{E}{B}t$ の項は消えるから，そのような座標系から見た電子の位置を x' とすれば，

$$x' = -\frac{E}{B\omega}\sin\omega t$$

である。また，y 座標も $E/B\omega$ だけ平行移動しておけば，

$$y' = -\frac{E}{B\omega}\cos\omega t$$

となる。このようにすれば，答えは明らかである。両式を 2 乗して足し

算し，t を消去すれば，

$$x'^2 + y'^2 = \left(\frac{E}{B\omega}\right)^2$$

となり，電子は半径 $E/B\omega$ の円運動をすることが分かる。

図8-9● x-y 座標から見ると，電子の軌跡はサイクロイド曲線となる。

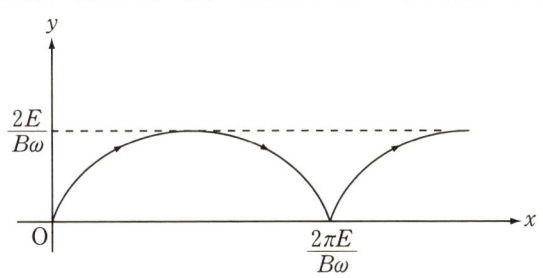

つまり，電子は，円運動をしながら，x 方向に等速の並進運動をつづけるのである。これは，サイクロイドと呼ばれる曲線である。

なお，y の解は，電子がつねに陰極より上にあることを示している。つまり，いったん $+y$ 方向に動いた電子はふたたび $y=0$ に戻ってくるが，このとき速度は 0 となり，あらためて x の正方向に周期的な運動が繰り返されるのである。あたかもシャクトリムシの動きのように。◆

●電流に働くローレンツ力

運動する荷電粒子が磁場から力を受けるのなら，電流もまた磁場から力を受けるのはとうぜんである。そもそも，荷電粒子のローレンツ力における qv は，そのまま電流素片 $I\,\mathrm{d}s$ と書き換えることができる（講義7，111ページ参照）。

簡単に証明すれば，

$$I\,\mathrm{d}s = \frac{\mathrm{d}Q}{\mathrm{d}t}\cdot\mathrm{d}s = \frac{\mathrm{d}Q\cdot\mathrm{d}s}{\mathrm{d}t} = \mathrm{d}Q\cdot v$$

で，この $\mathrm{d}Q$ を荷電粒子の電荷 q と考えればよい。

それゆえ，この $\mathrm{d}s$ を l と書き換えて，長さ l の電流 I に働く磁場の力は，

$$\boldsymbol{F} = l\boldsymbol{I}\times\boldsymbol{B}$$

である。電流はつねにプラスの電気の流れと約束しているから，この力

図8-10 ● $q\boldsymbol{v}$ と $I\boldsymbol{l}$ は等価である。

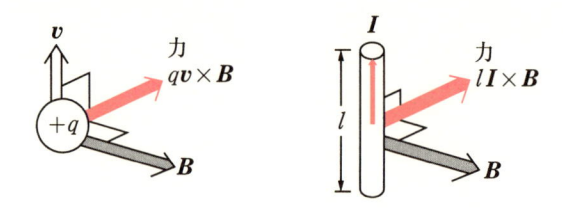

の向きは，つねに $\boldsymbol{I}$ から $\boldsymbol{B}$ へねじをひねったとき，ねじの進む方向である。

● 2本の電流同士に働く力

さて，ここで2本の電流があるとき，互いにどのような力を及ぼし合うかを調べてみよう。1本の電流はその周囲に磁場をつくり，もう1本の電流はその磁場からローレンツ力を受けるはずだから，この2本の電流は必ず互いに力を及ぼし合うのである。

電流に働く静電場の力はどうなるのかが気になる人のために注釈しておけば，これらの電流には静電気力は働かない。なぜなら，電流となっている電荷は，具体的にはマイナスの電気をもつ電子であるが，導体内部には，この電子とまったく等量のプラスの電荷(原子核)が存在し，もう1本の電流に働く静電気力は，完全にキャンセルするからである(講義1参照)。

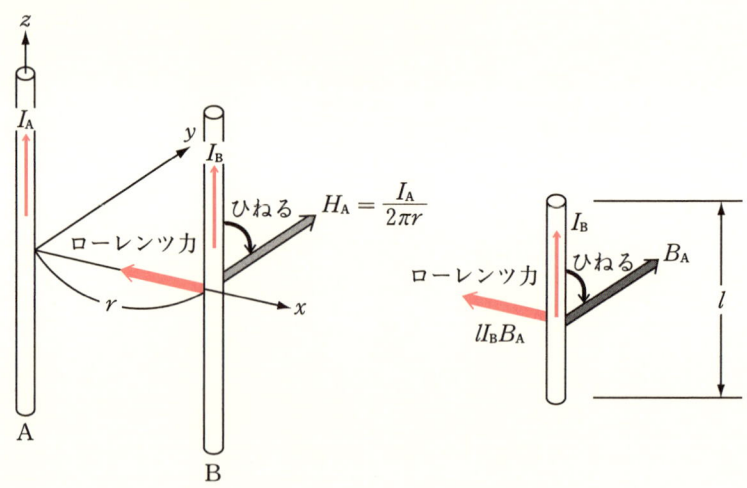

図8-11 ● けっきょく電流 I_B は電流 I_A に引っ張られる。

話を分かりやすくするために，2本の無限に長い平行導線 A, B を考えよう。その間隔を r とする。さらに，これらの導線の中を，同じ方向に定常電流 I_A, I_B が流れているとする。また，座標軸を図のようにとる。
　まず，電流 I_A が導線 B の位置につくる磁場は，講義7の結果にしたがって，その向きは y 方向で，大きさ H_A は，

$$H_A = \frac{I_A}{2\pi r}$$

である。磁束密度 B_A を使うなら，

$$B_A = \mu_0 H_A = \mu_0 \frac{I_A}{2\pi r}$$

　次に，電流 I_B が磁場 H_A から受ける力を考えよう。磁場の力は，電流の長さに比例するから，電流 I_B の長さ l の素片に働く力を F_{AB} とすると，

$$F_{AB} = lI_B \times B_A$$

となる。その向きは，I_B から $B_A(H_A)$ にねじをひねると，導線 A の方向となる！

図8-12● 同方向の電流は引力，逆方向は斥力。

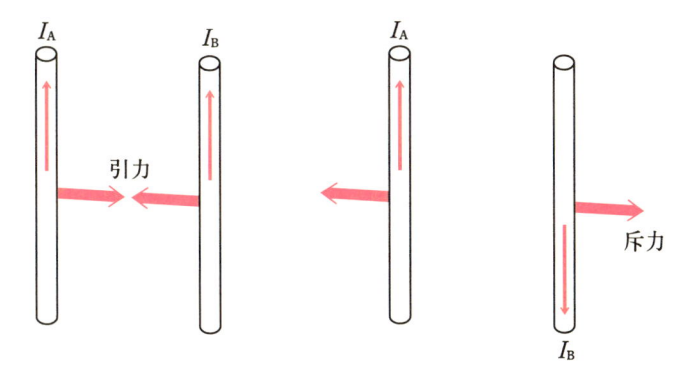

　つまり，電流 I_B は電流 I_A に引かれるのである。もし，電流 I_B が逆方向に流れていれば，力の向きは逆になるから，けっきょく，2本の直線電流は，**同じ方向に流れていれば引力，逆方向なら斥力**となる。
　B_A の値を代入してその大きさを求めれば，

$$F_{AB} = lI_B \cdot \frac{\mu_0 I_A}{2\pi r}$$

$$= \frac{\mu_0 l I_A I_B}{2\pi r}$$

この式は I_A と I_B に対して対称的である。じっさい，同じようにして電流 I_B がつくる磁場から，電流 I_A が受ける力を求めれば，やはり，

$$F_{BA} = \frac{\mu_0 l I_A I_B}{2\pi r}$$

となり，向きは引力であり，けっきょく F_{AB} と F_{BA} は，作用・反作用の法則をみたしていることになる。磁場の力は，まず電流がつくる磁場で1回ねじをひねり，次に $I \times B$ でもう1回ねじをひねるが，こうして，2回の回転の結果，静電場と同じように，引力と斥力の関係になるのである。ただし，これはあくまで平行な2本の直線電流の場合であることに留意しておこう。

●アンペアの定義

さて，上の結果で電流 I_A と I_B を同じ I とし，$l=1$ メートル，$r=1$ メートルとすると，

$$F = \frac{\mu_0 I^2}{2\pi}$$

となるが，ここで真空の透磁率 μ_0 の値，$4\pi \times 10^{-7}$ を代入すれば，

$$F = 2 \times 10^{-7} \times I^2$$

となる。つまり，1アンペアの電流同士が1メートル離れて置かれているとき，互いに及ぼし合う力は，1メートルあたり，ぴったり 2×10^{-7} ニュートンなのである。

図8-13●アンペアは，2本の電流に働く力によって定義される。

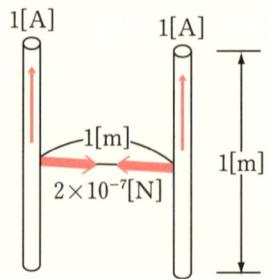

むろん，これは偶然ではない。そうなるように，アンペアの値を決めたのである。つまり，上式は **単位アンペアを定義する式** である。
　電磁気の基本単位であるアンペアは，このように，力ニュートンとの関係において定義される。そこから，比例定数 μ_0 はいわば「人工的」に，ぴったり $4\pi \times 10^{-7}$ と決まる。
　一方，真空の誘電率 ε_0 は，静電場の力から求まる（クーロンの法則は，電気量クーロンと力ニュートンの関係であったが，クーロンは，アンペア×秒だから，アンペアが定義されればクーロンも決まる）。
　このように，力ニュートンと電流アンペアをとりもつ定数として決められた ε_0 と μ_0 の値は，定義の仕様で何とでも変わりうる定数なのであるが，しかし，**その積 $\varepsilon_0 \mu_0$ は，$1/c^2$（c は真空中の光の速さ）という普遍的な定数となる** のである。それについては，講義10の課題としよう。

> **実習問題 8-1**
>
> 無限に長い導線の中を，定常電流 I_1 が流れている。この導線と同じ平面内に，半径 a の円形コイルが，その中心と導線の距離 b で置かれている（$a<b$）。このコイルに図のような方向に定常電流 I_2 が流れているとき，この円形コイルが導線から受ける力を求めよ。ただし，導線とコイルは真空中にあり，真空の透磁率を μ_0 とする。
>
> **図8-14**

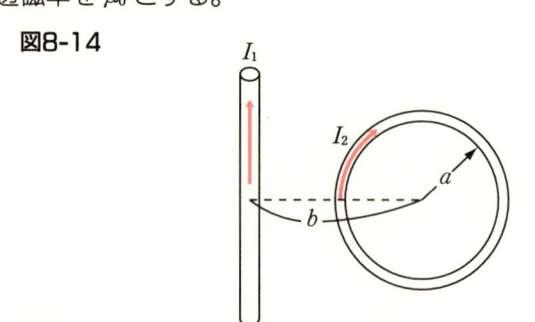

解答 & 解説

円形コイル全体に働く磁場の力は，コイルの微小な円弧 ds に働く磁場の力を求め，それをコイル1周にわたって積分してやればよい。

図のように座標軸および各点の記号をとり，半径 PO が x 軸と θ の角をなす電流素片 $I_2\,ds$ に働く力を考えよう。

図8-15 ● $F_y(\theta)$ の積分は0。

電流 I_1 がつくる $x>0$ の領域での磁場の向きは $-z$ 方向であり，点 P での磁場の大きさ $H(\theta)$ は，点 P の電流 I_1 からの距離が $b+a\cos\theta$ だから，

$$H(\theta) = \boxed{\text{(a)}}$$

である。よって，点 P における電流素片 $I_2\,ds$ がこの磁場から受ける力は，I_2 から $H(\theta)$ の方向にねじをひねって，図のように円の法線方向外向きである。また，その大きさを $F(\theta)ds$ とすると，

$$F(\theta)ds = \mu_0 I_2 H(\theta)\,ds$$
$$= \boxed{\text{(b)}}$$

具体的な計算は，x 方向と y 方向に分けて積分をしなければいけないが，$F(\theta)$ の y 成分は，角度 θ と $-\theta$ の成分同士が打ち消し合うから，その積分は 0 である。また，x 成分は θ を 0 から 2π まで積分すればよいが，やはり対称性より，θ を 0 から π まで積分し 2 倍したのと同じである。以上より，円形コイル全体に働く電流 I_1 による磁場の力 F は，

$$F = \int F(\theta)\cos\theta\,ds$$

ここで，$ds = a\,d\theta$ だから，

$$F = 2\int_0^\pi F(\theta)\cos\theta\,a\,d\theta$$
$$= 2\int_0^\pi \boxed{\text{(c)}}\,d\theta$$
$$= \frac{a\mu_0 I_1 I_2}{\pi}\int_0^\pi \frac{\cos\theta}{b+a\cos\theta}d\theta$$

直感的に分かることは，円形コイルに働く合計の力は，電流 I_1 に引かれる引力であるということである。なぜなら，対称性からこの力は x 成分のみをもつが，円の左半分は電流 I_2 の向きが電流 I_1 と同じ向きだから引力であり，右半分は斥力になり，左半分の方が右半分より電流 I_1 に

(a) $\dfrac{I_1}{2\pi(b+a\cos\theta)}$ (b) $\dfrac{\mu_0 I_1 I_2\,ds}{2\pi(b+a\cos\theta)}$ (c) $\dfrac{\mu_0 I_1 I_2}{2\pi(b+a\cos\theta)}\cos\theta\,a$

近いから，引力が斥力にまさることになるからである。

しかし，それ以上のことは，上の積分を実行するしかない。この三角関数の積分は，積分計算としては簡単な方であるが，それでもある程度のテクニックを要する。演習問題と同様，その詳細は付録3（233ページ）に記しておいたので，積分計算の苦手な方はこの機会にぜひ習熟して頂きたい。

コイル全体に働く力は，導線方向（$-x$方向）で，その大きさは，計算結果より，

$$F = \mu_0 I_1 I_2 \left(1 - \frac{b}{\sqrt{b^2 - a^2}}\right) \quad \cdots\cdots (答)$$

となる。◆

●作用・反作用の法則が成り立たない？

磁場の力は，ある意味，単純明快である。$F = qv \times B$ や $F = lI \times B$ の公式ですべてが言い尽くされているからである。

しかし，その本質は何かということを追求しはじめると，たちまちその奇妙な性質に戸惑ってしまうことになる。

たとえば，次のようなケースを考察してみよう。

無限に伸びる導線ではなく，短い電流素片 $I\,ds$ を考える。座標軸は図のように選ぶとして，この電流素片が距離 r の地点 P につくる磁場は，点 P を x 軸上の点として，ビオ-サバールの法則より，y 方向の向きである。

図8-16●$I\,ds$ と qv の間では，作用・反作用の法則が成り立たない。

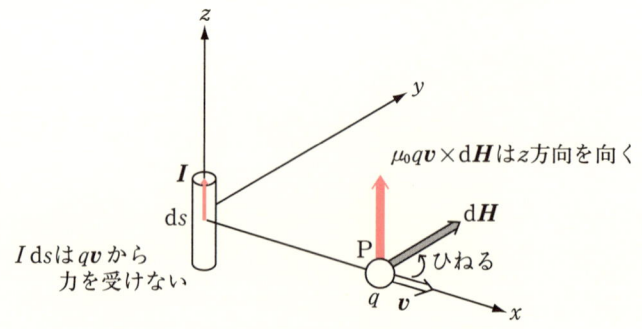

さて，点Pに電気量 q のプラスの点電荷を置き，x 方向に速度 v を与えてみよう。そうすると，この点電荷が電流素片から受ける力は，v から dH の方向にねじをひねって，z 方向となる。しかし，z 方向にはいかなる電荷も存在していない！　一方，電流素片はこの点電荷からどんな力を受けるかというと，x 方向に動く点電荷を電流とみなすと，ビオ-サバールの法則より，この点電荷は原点には磁場をつくらない（講義7，126ページの公式で，$v \times r = 0$ だから）。

　つまり，この電流素片と点電荷の間には，作用・反作用の法則が成立していない！

　このパラドックスを解くのは容易ではない。少なくとも，本書の守備範囲を逸脱している。しかし，結論的なことを述べれば，作用・反作用の法則（言い換えれば，運動量保存則）は，いかなる場合でも破られることはない。それゆえ，この問題を考えるにあたって，小さな電流素片や点電荷のことだけを考えたところに問題があるのである。電磁現象というのは，けっきょく全空間におよぶ「場」というものを考えないといけないのである。講義5で，我々は，真空の空間にも静電エネルギーというものがあることを学んだ。電荷がない空間にも，電気的および磁気的なエネルギーや運動量というものが存在するとして，はじめて正しい電磁現象を捉えることができるのである。

●座標系によっては消滅する磁場

　磁場の力のもう1つのパラドックスを見てみよう。

図8-17●点電荷と同じ速度で動くと，磁場の力は消えてしまう。

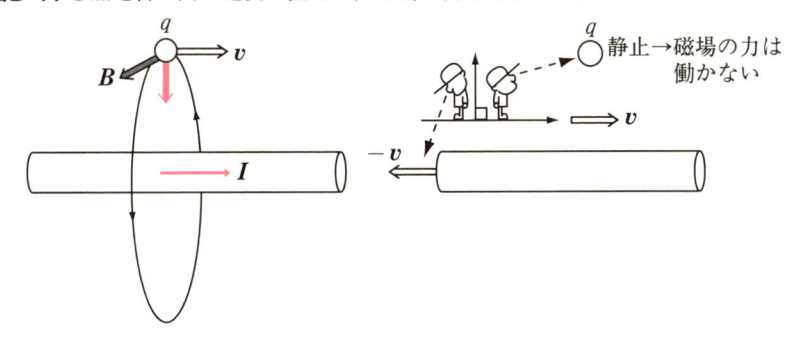

図のように，無限に長い直線電流と平行に運動する点電荷(電気量 q)を考える。話を簡単にするために，電流の速度と点電荷の速度 v は同じであるとしておく。

　この点電荷に働くローレンツ力は，これまでの話から明らかなように，電流の方向に引かれる引力である。

　しかし，この現象を，点電荷と同じ速度で動く座標系から見ると，どうなるであろうか(演習問題でも同様なことを試みた)。

　とうぜんのことながら，点電荷は静止して見える。つまり速度 $v=0$ である。==速度が 0 なら，磁場の力は生じない！==

　そもそも，力の法則の中に，座標系によって変化する速度 v が入っているのがおかしいのである。ニュートン力学によれば，静止系でも等速で動く慣性系でも，力は不変のはずであった。なぜ力の式の中に速度 v が入っているのか？

　このパラドックスに対する解答もまた，本書の守備範囲を逸脱している。

　しかし，結論を述べれば，特殊相対性理論がすべてを説明してくれる。ここでは詳細に立ち入らないが，速度 v で動く座標系から見ると，電流は静止し，プラスの電荷を構成する原子核，すなわち導線本体が逆向きの速度 $-v$ で動く。そこで，この導線本体がローレンツ収縮と呼ばれる収縮を起こすのである(あるいは，状況にもよるが，静止する電流が伸びるとみなすこともできる)。その結果，プラスとマイナスの電荷密度が異なることになり，それによる静電気力の差が点電荷に働く引力となるのである。

　つまり，速度 v で動く座標系から見ると，磁場の力はない！　あるのは，静電場だけである。==座標系によって，磁場は見えたり，見えなかったりする==のである。これまで，磁場というものは仮想的な存在であるといってきたのは，そういう意味である。

　磁場は実在するものではない。しかし，同じ伝でいくなら，時間や空間もまた実在するものではない。座標系によって，時間と空間は互いに転化するからである。

ニュートン力学は，相対性理論の登場によって修正を余儀なくされたが，マクスウェルが完成させた古典電磁気学は，相対性理論によっても修正をする必要がなかった。相対性理論の内容がすでに織り込まれているのである。磁場およびローレンツ力の理論は，相対性理論とは異なる「言語」で語られた，この世界の真実のしくみなのである。

LECTURE 09 変化する電磁場
──変位電流と電磁誘導──

　我々は，静電場と静磁場に関する法則を一通り学んできたわけであるが，電磁気学の体系全体を見わたすためには，最後の大きな山を越えねばならない。それは，時間変化する電場と磁場に関する法則である。

● div **E** と rot **H**

　まず静電場の法則を思い出してみよう。

図9-1 ● div $\boldsymbol{D}=\rho$ のイメージ

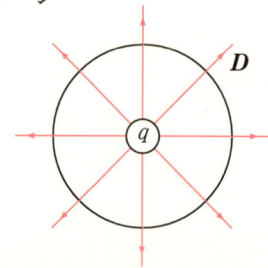

　クーロンの法則やガウスの法則は，要約すれば次の簡潔な表現で書けるのだった。

$$\mathrm{div}\,\boldsymbol{E} = \frac{\rho}{\varepsilon_0}\ (真空中)\quad (あるいは，\mathrm{div}\,\boldsymbol{D} = \rho)$$

　この法則は，ρ や $\boldsymbol{E}$ の時間変化に対して何もいっていないが，かりに ρ が変化すれば，それに応じてその電荷からわき出る電気力線が変化し，その結果，電場もまた上の式に則って変化するだろう。よって，上の法則を書き換えないといけないとすれば，それは電荷をもったもの以外に何か電場を発散させるものが生じるときである。そのようなものがないと断言はできないが，経験的には見つかっていない。だから，この法則はそのままにしておこう。

図9-2 ● rot $H = i$ のイメージ

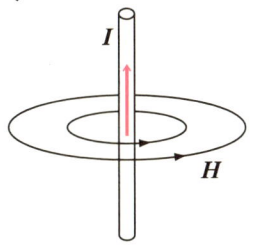

次に，静磁場の法則を思い起こそう。静磁場をつくる原因は電流であった。

$$\mathrm{rot}\, H = i$$

この式はアンペールの法則の簡潔な表現であるが，ここで i は定常電流(密度)と仮定してきたことを思い出して頂きたい。もし，i と H が時間変化したとしたら，この法則はそのまま成立するであろうか。

一見，成立するように見える。上の式は，電流が小さいとき磁場は小さく，電流が大きければ磁場も大きいと主張している。だから，電流が次第に増加していけば，その周囲にできる磁場も次第に大きくなるであろう。何の問題もないように見える。

しかし，次のような簡単な思考実験を考えてみよう。

●コンデンサーの交流回路

図のような，コンデンサーが1つつながれた交流回路を考える。

図9-3 ● コンデンサーのある交流回路

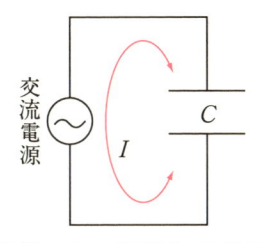

電源が直流なら，定常状態でこの回路には電流は流れない(それゆえ磁場もない)。しかし，交流電源なら，電流が行ったり来たりするので，コンデンサーの極板間が導線でつながっていないにもかかわらず，電流が流れる(回路を道路，電荷を車だとみなせば，コンデンサーはちょうど駐

車場にあたり，この駐車場の空間を利用して，車は道路を行ったり来たりできるからである）。

さて，電流の流れている導線の周囲には，アンペールの法則にしたがって磁場が生じるであろう。電流は $\sin \omega t$ のような形で変化するだろうから，磁場もまたそのように変化するだろう。

ここで，コンデンサーの極板間に注目してみよう。極板間にはとうぜん電流はない。それゆえ，磁場をつくる原因が電流だけであるとしたら，コンデンサーの極板間には磁場はないことになる。

図9-4 ● 電流がなければ磁場はない？

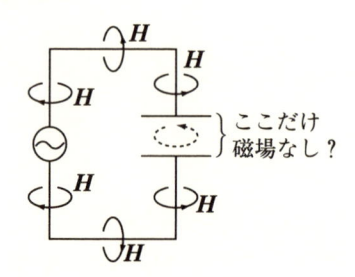

そのことを「よし」とするか，「おかしい」と感じるかは，感覚の問題にすぎない。それは論証とはほど遠い，たんなるヒントである。しかし，十分すぎるヒントではなかろうか。

我々はコンデンサーの極板間にも電場があり，電場のエネルギーが分布していることをすでに知っている。直流回路なら，この電場は静電場であり，電流も流れないので，極板間だけではなく回路全体に磁場はない。しかし，交流電流が流れると，導線の周囲には磁場が生じ，一方，極板間はもはや静電場ではなく時間変化する場となる。このときコンデンサーの極板間にも，導線の周囲と同じ磁場が生じるのではなかろうか。つまり，時間変化する電場は，その周囲に磁場をつくるのではなかろうか。

もちろん，理論的にはもう少ししっかりした論証が必要である。しかし，じっさいに実験してみると，コンデンサーの極板間にも導線の周囲と同じ磁場が生じていることが観測される。

●変位電流

この時間変化する電場は，**変位電流**と呼ばれるが，その意味は，前述のコンデンサーと交流回路の思考実験のイメージで納得できるであろう。磁場の立場から見れば，この回路の導線部分とコンデンサーの極板間は，まったく同等な役割を果たしているのである。

図9-5●変化する電場(変位電流)の周りには磁場が生じる。

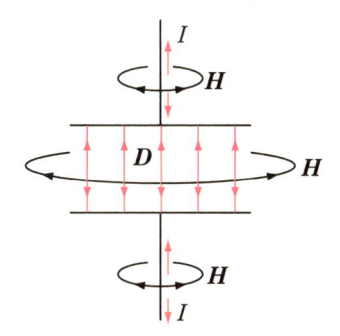

証明はあと回しとして，我々は静磁場の法則，

$$\mathrm{rot}\,\boldsymbol{H} = \boldsymbol{i}$$

を，次のように拡張して書き換えねばならない。

$$\mathrm{rot}\,\boldsymbol{H} = \boldsymbol{i} + \frac{\partial \boldsymbol{D}}{\partial t}$$

なぜ $\partial \boldsymbol{E}/\partial t$ でなくて $\partial \boldsymbol{D}/\partial t$ なのか，$\partial \boldsymbol{D}/\partial t$ の前に比例定数はつかないのか，などについては後程調べることにしよう。

> **演習問題 9-1** 高校物理の交流回路の知識によれば，コンデンサーのインピーダンスは $1/C\omega$ であり（C は電気容量，ω は交流電源の周波数），「最大電圧＝最大電流×インピーダンス」というオームの法則が成立する。また，コンデンサー回路では，電流の位相は電圧に比べて $\pi/2$ だけ進む。これらのことを用いて，コンデンサーの極板間の変位電流 $\partial D/\partial t$ が，導線部分の電流密度 i と等価になることを示せ。

解答&解説

図9-6● コンデンサーでは，電流が電圧より $\frac{\pi}{2}$ 進む。

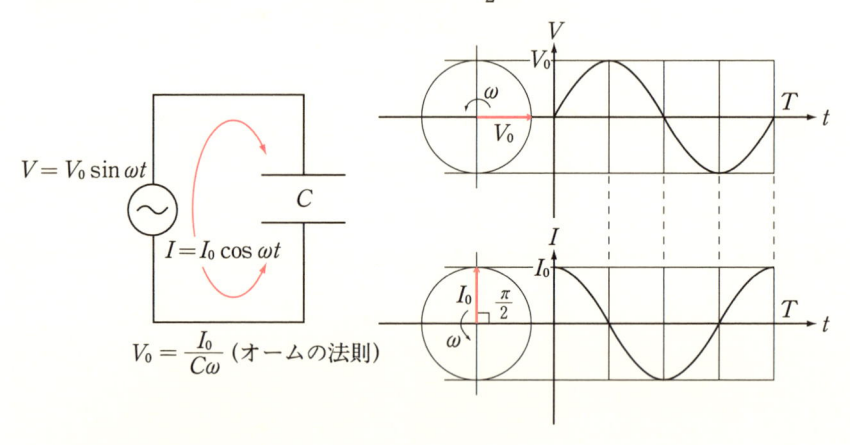

交流電源の電圧 V を，
$$V = V_0 \sin \omega t$$
とすると，コンデンサーの回路では電流が $\pi/2$ 進むことより，電流は，
$$I = I_0 \sin\left(\omega t + \frac{\pi}{2}\right) = I_0 \cos \omega t$$
と書ける。ここで，オームの法則より，
$$V_0 = \frac{I_0}{C\omega}$$
であるから，けっきょく，
$$I = C\omega V_0 \cos \omega t$$

となる。

図9-7●コンデンサーの公式より $E = \dfrac{CV}{\varepsilon S}$。

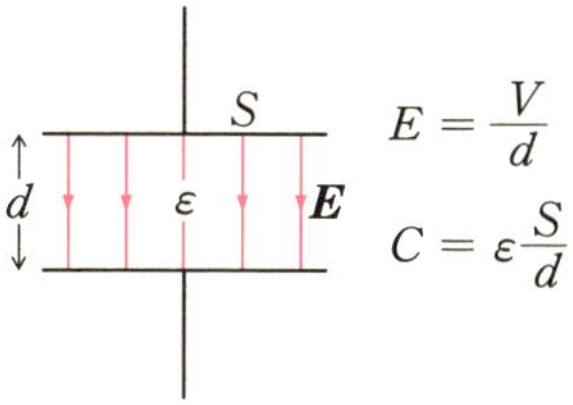

$$E = \frac{V}{d}$$
$$C = \varepsilon \frac{S}{d}$$

一方，極板間の電場 E を求めよう。コンデンサーの極板間隔を d，極板面積を S，極板間の誘電率を ε（真空なら ε_0）とすると，

$$E = \frac{V}{d}$$

および，

$$C = \frac{\varepsilon S}{d}$$

より，

$$E = \frac{VC}{\varepsilon S}$$
$$= \frac{V_0 C}{\varepsilon S} \sin \omega t$$

よって，電束密度 D は，

$$D = \varepsilon E$$
$$= \frac{V_0 C}{S} \sin \omega t$$

そこで，変位電流は，

$$\frac{\partial D}{\partial t} = \frac{V_0 C \omega}{S} \cos \omega t$$

これを，上で求めた電流 I と比較すれば，

$$\frac{\partial D}{\partial t} = \frac{I}{S}$$

となる。I/S は，電流の合計／面積で，電流密度に他ならない。よって，$\partial D/\partial t$ は，電流密度 i と等価である。◆

●変位電流は電荷の保存則から導かれる

変位電流 $\partial D/\partial t$ の存在を，別の観点から調べてみよう。
$$\text{rot}\, H = i$$
は，もう少し詳しく表記すれば，場所 r の関数であるが，静磁場で成立する法則だから，時間 t には依存しない。つまり，
$$\text{rot}\, H(r) = i(r)$$
である。しかし，時間的に変化する磁場，電流に関しても上の式が成立すると仮定してみよう。すなわち，
$$\text{rot}\, H(r, t) = i(r, t)$$
ここで，両辺の発散 div をとってみる。
$$\text{div}(\text{rot}\, H(r, t)) = \text{div}\, i(r, t) \quad \cdots\cdots ① \quad ?$$
この式の左辺をじっとにらむと，付録「やさしい数学の手引き」より，H がいかなるベクトルであろうと，恒等的に，
$$\text{div}(\text{rot}\, H) = 0$$
である(講義7のベクトル・ポテンシャルの導出にも，このことを使った)。

よって，右辺もまた0でなければならない。
$$\text{div}\, i(r, t) = 0 \quad ?$$
しかし，この式が成立するのは i が定常電流のときだけである。講義7，111ページの電荷の保存則を見直して頂きたい。体積 dV から，電流がわき出したり吸い込まれたりするときには，dV 内の電気量が減ったり，増えたりしなければいけなかった。

図9-8 ● $\text{div}\, i = -\dfrac{\partial \rho}{\partial t}$ のイメージ

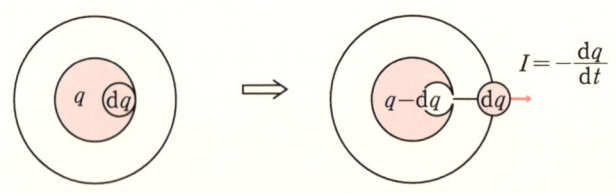

q の減少分が，面を通過して出ていく電流となる

$$\mathrm{div}\,\boldsymbol{i} = -\frac{\partial \rho}{\partial t}$$

そこで，電流が時間変化する場合には，

$$\mathrm{div}\,\boldsymbol{i}(\boldsymbol{r},t) = 0$$

ではなく，

$$\mathrm{div}\,\boldsymbol{i}(\boldsymbol{r},t) + \frac{\partial \rho}{\partial t}(\boldsymbol{r},t) = 0$$

がつねに成立しなければならない。よって，式①の右辺を上式のように書き換えてやればよいだろう。

$$\mathrm{div}(\mathrm{rot}\,\boldsymbol{H}(\boldsymbol{r},t)) = \mathrm{div}\,\boldsymbol{i}(\boldsymbol{r},t) + \frac{\partial \rho(\boldsymbol{r},t)}{\partial t}$$

ところで，ガウスの法則より，

$$\rho = \mathrm{div}\,\boldsymbol{D}$$

に他ならないから，

$$\mathrm{div}(\mathrm{rot}\,\boldsymbol{H}(\boldsymbol{r},t)) = \mathrm{div}\,\boldsymbol{i}(\boldsymbol{r},t) + \frac{\partial}{\partial t}\mathrm{div}\,\boldsymbol{D}(\boldsymbol{r},t)$$

すなわち，定常電流か否かにかかわらず，一般に，

$$\mathrm{rot}\,\boldsymbol{H} = \boldsymbol{i} + \frac{\partial \boldsymbol{D}}{\partial t} \quad (\text{あるいは真空中なら，}\mathrm{rot}\,\boldsymbol{H} = \boldsymbol{i} + \varepsilon_0\frac{\partial \boldsymbol{E}}{\partial t})$$

と書けることになる。

ここでもし電流(密度) $\boldsymbol{i}$ が存在しなければ，

$$\mathrm{rot}\,\boldsymbol{H} = \frac{\partial \boldsymbol{D}}{\partial t}$$

となるが，これはこのあと述べる電磁誘導の法則と表裏一体の関係となっていることがやがて分かるであろう。

電場と磁場の間にはダイナミックな関係がある。上の関係式はその一端を示しているのである。

以上を，もう一度まとめておくと，次表のようになる。

時間変化しない場	時間変化する場
$\operatorname{div} \boldsymbol{E} = \dfrac{\rho}{\varepsilon_0}$ $(\operatorname{div} \boldsymbol{D} = \rho)$	
$\operatorname{rot} \boldsymbol{H} = \boldsymbol{i}$	$\operatorname{rot} \boldsymbol{H} = \boldsymbol{i} + \dfrac{\partial \boldsymbol{D}}{\partial t}$

● div $\boldsymbol{H}$ と rot $\boldsymbol{E}$

さて，静電場と静磁場に関する残る2つの法則を検討しよう。

まず，

$$\operatorname{div} \boldsymbol{H} = 0$$

であるが，これはこの世界に単独の磁荷が存在しない結果であった(講義7，113ページ)。電磁場が時間変化することによって，単独の磁荷が現れてくるとは思えないので，これはそのまま成立するであろう。

図9-9 ● div $\boldsymbol{H}=0$ のイメージ

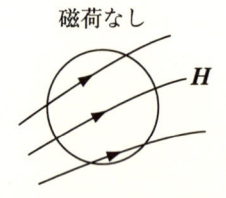

次に，

$$\operatorname{rot} \boldsymbol{E} = 0$$

はどうであろうか？

この式は，電場(電気力線)はループを描かないということを意味していた(講義4，69ページ)。その根拠は，静電場がスカラー・ポテンシャルをもっているという点にあった。つまり，電荷をどのように動かしても，元の位置にもってくれば，同じポテンシャル(高さ)に戻るはずだというものである。

しかし，たとえば動く点電荷のつくるポテンシャルを考えれば，同じ

位置に戻っても同じ高さになるとはかぎらない。ポテンシャルをうまく動かせば(もはやそれは静電ポテンシャルと呼べないが)，ループを描きながら，電荷をいつまでも加速し続けることも可能であろう。そんな場では，rot E は0ではないはずである。

図9-10● rot E があるためには，何かがループをつらぬかねばならない。

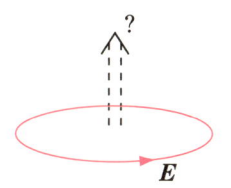

では，具体的に rot E が0でなくなるのはどのような場合なのか。それを調べる前に，次のような面白い現象を取り上げてみよう。

●動く導体棒に生じる誘導起電力

一様な磁場(磁束密度 B)の中に，磁場と直角に長さ l の導体棒を置き，磁場と直角の方向に一定の速さ v で動かしてみる。

図9-11● 導体棒(ただの針金)を磁場の中で動かす。

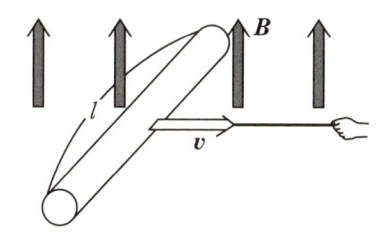

導体棒の中にはマイナスの電荷の自由電子があるが，ここでは話を分かりやすくするために，プラスの電荷も自由に動けるとしておこう。

これらの自由電荷は，導体棒の動きにともなって，磁場の中を速さ v で動くことになるから，磁場からローレンツ力を受ける。プラスの電荷とマイナスの電荷(電子)とでは，力の方向が逆だから，磁場の中を導体棒を動かし続けるかぎり，導体棒の片方の端にはプラスの電荷が，もう一方の端にはマイナスの電荷がたまることになる。

図9-12●磁場を横切る針金が電池(誘導起電力)になるしくみ。

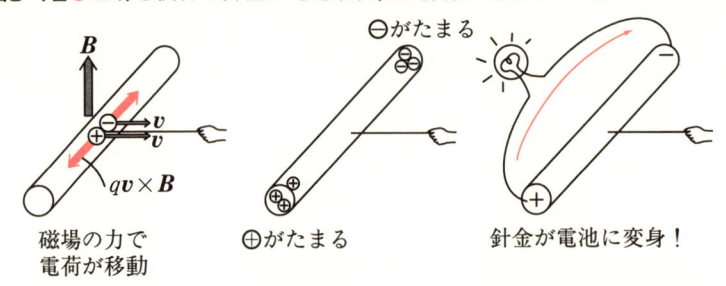

磁場の力で
電荷が移動

⊖がたまる

⊕がたまる

針金が電池に変身！

　その結果，導体棒の内部に電場が生じ，導体棒の両端には電位差が現れる。すなわち，この導体棒は ただの針金にすぎないのに，電池になるのである！　じっさい，導体棒の両端にランプを接続してループをつくれば，電流が流れランプが灯る(とも)であろう。

　このように，磁場によって誘導された電池，すなわち起電力を，**誘導起電力**と呼ぶ。

演習問題 9-2

磁束密度 B の一様な磁場の中を，長さ l の導体棒が速さ v で磁場を直角に横切るとき，この導体棒に生じる誘導起電力の大きさはいくらか。

解答&解説 導体棒を動かし続けると，その両端にどんどん正負の電荷がたまっていくが，どこかで定常状態に達するはずである。なぜなら，導体棒の内部に生じる電場の大きさは，たまる電荷に比例して大きくなっていくが，導体棒の中の電荷 q に働く磁場の力の大きさは，qvB で一定なので，どこかでこの電荷 q に働く電場の力 qE と，磁場の力 qvB がつりあうからである。qE と qvB がつりあえば，もはやその電荷は動かない。よって，それ以上，導体棒の両端に電荷がたまることはない。

図9-13●$q\boldsymbol{E}$ と $q\boldsymbol{v}\times\boldsymbol{B}$ がつりあう。

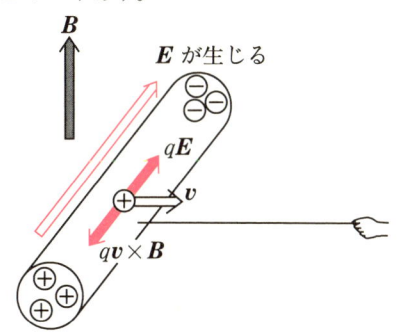

すなわち，定常状態において，導体棒の内部に生じる電場の大きさ E は，

$$qE = qvB$$

より，

$$E = vB$$

この E は，導体棒のどの部分でも同じであるから（平行平板コンデンサーとまったく同様に），導体棒の両端に生じる電位差 V は，

$$V = El$$
$$ = Blv \quad (B, l, v \text{ の順序はどうでもよい}) \quad \cdots\cdots(\text{答})$$

なお念のために，両辺の単位を確認しておくと，左辺の

に対して，右辺は，
$$[\mathrm{Wb/m^2 \cdot m \cdot m/s}] = [\mathrm{Wb/s}]$$
である。もちろん，この関係に何の矛盾もない。ただ，起電力の単位ボルトは，磁荷ウェーバーの時間変化であることは，このあと重要な意味をもってくる。◆

さて，以上の誘導起電力を使った，高校物理でもおなじみの直流回路を考えてみよう。

図9-14●PQ は起電力 Blv の電池となる。

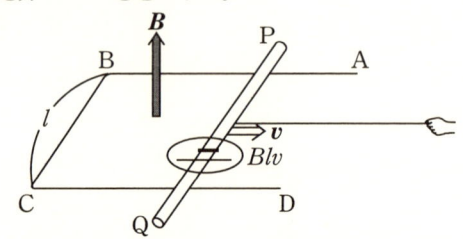

図のように，コの字型の導線 ABCD の辺 BC に平行に，なめらかに動ける導線 PQ を置く。BC と PQ の長さは l である。いま，導線がつくる平面に垂直に，紙面の裏から表に向かって一様な磁場(磁束密度 B)をかけ，導線 PQ を一定の速さ v で右方向に動かそう。そうすると，導線 PQ には，誘導起電力 Blv が生じ，閉回路 PQCB に，右回りに，誘導電流が流れるであろう。

●起電力の定義

ここで，次の考察に進む前に，起電力というものをきちんと定義しておこう。

図9-15●単位電荷を1周させる仕事が起電力である。

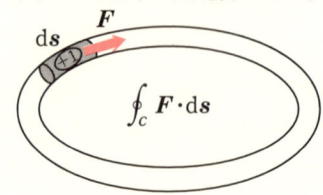

起電力とは、ループを描く回路の中を電流が流れるとき、その流れを引き起こす正味の「推進力」である。ここでいう「推進力」とは、プラス1クーロンの電荷に力を加え、ループを1周させる仕事の合計である。

　この起電力を引き起こす原因は、ふつうの乾電池なら電池内の化学反応であるし、太陽電池なら光のエネルギーと、さまざまである。上の誘導起電力の場合は、いうまでもなく磁場の力 qvB である（ただし、磁場が勝手に仕事をしているわけではない。磁場の力を生じさせるには、導体棒を速さ v で動かさないといけないが、これには外部からつねに一定の力を加えてやらないといけないのである）。

● Blv は磁束の変化を意味する

　いずれにしても、誘導起電力 Blv は磁場によって生じる。そこで、この Blv は具体的に何を意味するかを考えてみる。

図9-16● 誘導起電力 Blv は、針金が「刈り取る」磁束の本数。

1秒で通過する面積 lv

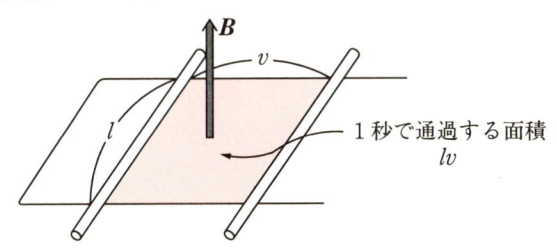

　図のように、v は針金が1秒で動く距離だから、lv は針金が1秒で通過した面積である。この面積の中に磁束密度 **B** が一様にあるのだから、Blv は針金が1秒間で「刈り取った」磁束の本数ということになる。つまり、

> 針金に生じる誘導起電力の大きさは、その針金が単位時間に「刈り取る」磁束の本数に等しい。

　これは、1つの物理法則であり、磁場の向きや針金の形状、動きにかかわらずつねに成立する。短い時間 dt に「刈り取る」磁束の本数を $d\Phi$ として式で書くと、誘導起電力 V は、

講義09●変化する電磁場

$$V = \frac{d\Phi}{dt} \quad \cdots\cdots ①$$

となる。

ところで，ここで思い切った思考の飛躍をする。

上の式の dΦ を「針金が刈り取る磁束」ではなく，「磁束そのものの変化」と言葉をすりかえてみる。そうすると，上の式は，

> 誘導起電力は，磁束の時間変化に等しい

となる。しかし，どの部分の磁束の変化なのか。上の表現でははっきりしない。

そこで，さらに思考の飛躍をする。

● rot H と rot E の対称性

もう一度，変位電流を加えた磁場の法則を思い起こして頂きたい。

$$\mathrm{rot}\, H = i + \frac{\partial D}{\partial t}$$

この式をじっとにらみ，もし，電場と磁場の間に対称性があるなら，rot H に対応する rot E はどうなるかを想像してみよう（ようやく，rot E が出てきた）。

上の式の右辺の第1項だけを無視すると，この式は，電場（電束密度）が時間的に変化すれば磁場の回転が生じると主張している。

図9-17 ●変化する電場が磁場（の回転）を生むなら，
　　　　　変化する磁場が電場（の回転）を生まないだろうか。

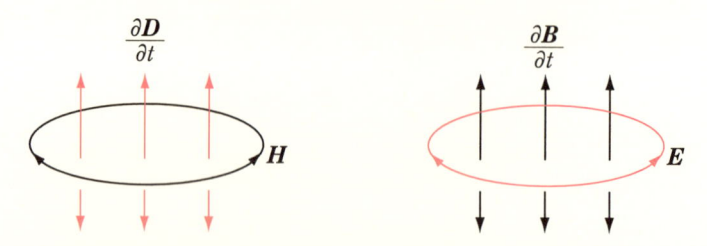

そこで，磁場（磁束密度）が時間変化すれば電場の回転が生じる――といえないだろうか？　右辺の第1項目の電流は，対称性からすると磁荷

の流れ(磁流？)としなければならないが，この世に単独磁荷はないから磁流もないであろう。そこで，

$$\mathrm{rot}\, \boldsymbol{E} = \frac{\partial \boldsymbol{B}}{\partial t} \quad \cdots\cdots ② \quad ?$$

が思い浮かぶのではなかろうか。

つまり，電場 $\boldsymbol{E}$ を誘起するものは，ループをつらぬく磁場の時間変化である。

磁束を横切る針金の式①と，上の式②を比べてみよう。

式②の左辺を，例のごとく，閉曲面 S に適用して積分形式とし，ストークスの定理で変形する。

$$\int_S \mathrm{rot}\,\boldsymbol{E} \cdot \boldsymbol{n}\, dS = \oint_C \boldsymbol{E} \cdot d\boldsymbol{s}$$

右辺は閉曲面の周囲にそって $\boldsymbol{E}$ を積分したものであるが，もしこの経路にそって電荷を動かす力が電場の力だけであるとするなら，起電力の定義より，これは電場の力による起電力ということになる。

式②の右辺を閉曲面で積分すると，

$$\int_S \frac{\partial \boldsymbol{B}}{\partial t} \cdot \boldsymbol{n}\, dS$$

であるが，時間微分は積分の外に出してよいだろうから，

$$\frac{\partial}{\partial t} \int_S \boldsymbol{B} \cdot \boldsymbol{n}\, dS$$

であるが，この積分は，閉曲面全部をつらぬく磁束 Φ に等しい。すなわち，

$$\int_S \mathrm{rot}\,\boldsymbol{E} \cdot \boldsymbol{n}\, dS = \oint_C \boldsymbol{E} \cdot d\boldsymbol{s} = \frac{\partial \Phi}{\partial t} \quad \cdots\cdots ③$$

式③の右の等号は，

> **回路に生じる誘導起電力 ＝ 回路をつらぬく磁束の変化**

となって，式①と同じ結果になる(ただし，式①の起電力の原因は，あくまで磁場の力であるが，それに対して，式③の起電力の原因は電場の力である。そこが決定的に違う。しかし，それにもかかわらず，どちらの場合でも，ループ状の回路に生じる誘導起電力は，その回路をつらぬく磁束の変化に等しいのである)。

くどい言い方をしてきたが，要するに，①②③の3つの式はどれも整合性があるということである。

●ファラデーの発見

歴史的にはどうであったかというと，この電磁誘導の法則を発見したのはファラデーであり(1831年)，このときファラデーはマクスウェルの方程式(1864年)など知るよしもなかった。ファラデーは，電磁誘導の法則を，あくまで実験事実として発見したのである。

図9-18●ファラデーの実験——スイッチSを入れたり切ったりする瞬間だけ，回路Bに電流が流れる。

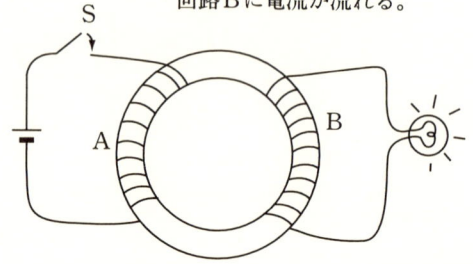

電流が磁場をつくることを知ったファラデーは，磁場から電流をつくる方法がないかとあれこれ実験をしていた。そこで図のようなドーナツ状の鉄心に2つのコイルを巻き，片方のコイルに電流を流したとき，もう一方のコイルに電流が流れないかを試すと，定常状態では電流は流れないが，スイッチを入れる瞬間や切る瞬間(すなわち，磁束が変化する瞬間)に，電流が流れたのである。

●レンツの法則

電磁誘導の法則を最終的にまとめるために，磁場の変化と誘導起電力の向き(誘導電流の向き)についての**レンツの法則**を紹介しておこう。

導線が動く場合の誘導起電力については，磁場の力の向きから誘導電流の向きを求めることができる(v から B にねじをひねる)。

しかし，導線が動かない場合は，誘導起電力の原因がローレンツ力ではないから，別の法則が必要である。

しかし，その法則は簡単で

> 自然は変化を嫌う

と覚えておけばよい。

図9-19 ●磁束の変化を元に戻そうとする方向に誘導電流が流れる。

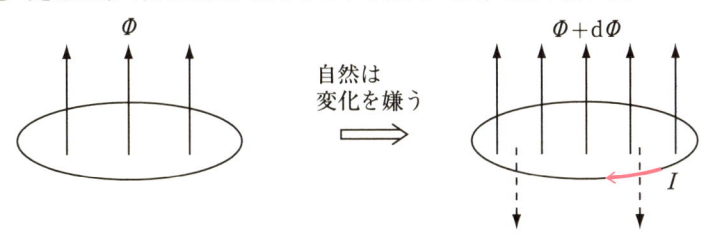

図のように閉じた回路を磁束 Φ がつらぬいているとしよう。もし、この磁束がこの向きに増加すれば、誘導電流はその磁束を減らそうする方向に流れる。逆に、磁束が減少すれば、磁束を増やそうとする方向に流れる。

これは、エネルギー保存則からいって必然的なことである。もし、磁束が増えたとき、磁束を増やす方向に誘導電流が流れれば、ループをつらぬく磁束は、ますます増えることになり、ますます誘導電流が流れ、エネルギーが発散してしまう。

「自然は変化を嫌う」とは、「この世に存在するエネルギーは一定である」ということの言い換えなのである。

●電磁誘導の法則

以上で、電磁誘導の法則を最終的に記述できるようになった。それは、ファラデー・レンツ流に書けば、

$$V(回路に生じる誘導起電力) = -\frac{d\Phi}{dt}$$

である。そして、それをマクスウェル流に簡潔な微分表現にすれば、

$$\operatorname{rot} \boldsymbol{E} = -\frac{\partial \boldsymbol{B}}{\partial t}$$

となる。どちらの式も、右辺のマイナスは、「変化を元に戻す方向」というレンツの法則の「象徴的な」表現である（じっさいに向きを求めるとき

には，v から B にねじをひねるなり，磁束を元に戻す方向はどちらと考えるなりしなければならない）。

最後に，表にまとめておこう。

時間変化しない場	時間変化する場
$\mathrm{div}\,\boldsymbol{H} = 0$	
$\mathrm{rot}\,\boldsymbol{E} = 0$	$\mathrm{rot}\,\boldsymbol{E} = -\dfrac{\partial \boldsymbol{B}}{\partial t}$

以上で，時間変化する電場と磁場の法則が出そろったことになる。もはや，学ぶべきことがらはあと少しである。

実習問題 9-1

一辺の長さ a, 巻き数 N の正方形コイルを,磁束密度 $\boldsymbol{B}$ の一様な磁場の中で,回転軸が磁場と垂直になるようにして,角速度 ω で等速回転させる。これは,交流発電機の原理であるが,時刻 $t=0$ でコイルの面が磁場に垂直であったとして,この発電機の起電力を,時刻 t の関数として求めよ。ただし,磁場の向きは図のようであり,コイルは図の方向に回転するとし,図の導線 A が導線 B より電位が高いときの起電力を正とする。

図9-20

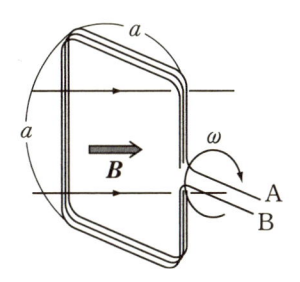

解答&解説 導線が動く場合の誘導起電力だから,ローレンツ力の法則から求めることもできるが,この場合はファラデー・レンツの法則で求めた方が簡単であろう。

まず,時刻 0 から次の瞬間,誘導電流がどの方向に流れるかを,図からイメージしておこう。

図9-21

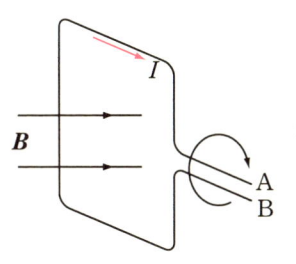

はじめ,コイルをつらぬく磁束は減少するから,それを元に戻すべく,図の方向に誘導電流が流れる。

時刻 0 でコイルをつらぬく磁束の本数は $a^2 B$ で,そこからコイルが回転することによって,コイルの面が斜めになっていくので,コイルをつらぬく磁束の本数は減っていく。そこで,この磁束を減らさないよう,同じ方向の磁束をつくるべく,誘導電流が図のような方向に流れるであ

ろう。つまり，導線 A の方が起電力のプラス極となるはずである（時刻 0 から少したったとき，誘導起電力の向きは正である）。

図9-22 ● Φ は $\cos \omega t$ の形で変化する。

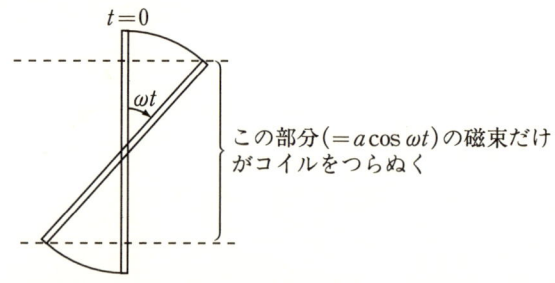

この部分（$= a\cos \omega t$）の磁束だけがコイルをつらぬく

　上のように導線 AB 側からコイルを見た図を描くと，時刻 t における回転角は ωt である。そこで磁場 $\boldsymbol{B}$ の方向に垂直なコイルの面積は，$\cos \omega t$ で変わっていくことが分かる。すなわち，時刻 t でコイル（の 1 巻き）をつらぬく磁束の本数 $\Phi(t)$ は，

$$\Phi(t) = \boxed{\text{(a)}}$$

　誘導起電力は，コイルの 1 巻き 1 巻きに発生するから，コイル全体の起電力 V は，1 巻きあたりの起電力を N 倍しておけばよい。

$$V = -N\frac{d\Phi}{dt}$$
$$= -NBa^2 \frac{d(\cos \omega t)}{dt}$$
$$= \boxed{\text{(b)}} \quad \cdots\cdots\text{(答)}$$

　たびたび言及したことだが，誘導起電力の公式，$V = -d\Phi/dt$ のマイナス符号は，たぶんに「象徴的」なものである。もし，この問題で磁場の向きが逆であれば，誘導電流の流れる方向は逆になり，V は $-\sin \omega t$ の形となるであろう。それゆえ，起電力の符号が正しいか否かをチェックするため，最初に誘導電流の流れる向きを確認しておいたのである。
　いずれにしても，一様な磁場の中を一定の角速度でコイルを回転させれば，生じる起電力の時間変化は三角関数の形になる。我々の家庭に供

....

(a)　$Ba^2 \cos \omega t$　　(b)　$NBa^2 \omega \sin \omega t$

給される電力は，すべてこのようなしくみで発電されているから，通常の交流回路の電圧や電流は，三角関数で変化することにしているのである。◆

●自己誘導

電磁誘導の法則は，電流回路に複雑な影響をもたらす。

たとえば，図のように円形コイルに電流 I が流れているとしよう。電流 I が定常であるかぎり，このコイルをつらぬく磁場に時間変化はなく，それゆえ，誘導起電力も生じない。

図9-23●自己誘導——— I の変化は B を変化させ，B の変化は電磁誘導によって I を元に戻そうとしてくる。

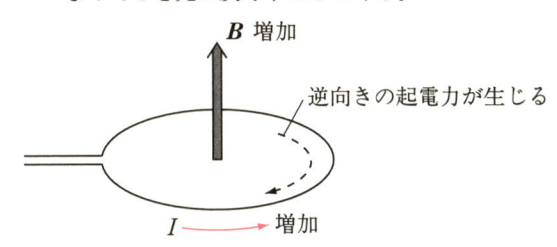

しかし，いったん電流が I から $I+dI$ に増加（変化）すると，コイルをつらぬく磁場もまた変化する。変化する磁場は誘導起電力をもたらすから，コイルに流れる電流はそれによって変化する。この変化は，変化を元に戻そうとする方向に働くから，電流は I から $I+dI$ に素直に増加してくれないということになる。いわば，抵抗力が働くわけである。

このような現象を，コイルの**自己誘導**と呼ぶ。1巻きのコイルによる自己誘導はさして大きくないが，巻き数の多いソレノイド・コイルになるとその影響は無視できなくなり，さらにコイルの中に鉄心などを通すと，透磁率 μ が，μ_0 に比べて桁違いに大きくなり，きわめて強い「反発力」をもったコイルとなる。それゆえ，直流回路においてはコイルはその存在意義をほとんどもたないが，交流回路においてコイルはきわめて重要な役割を果たすことになる。

上に「反発力」という表現を使ったが，その正確な意味は，コイルを流れる電流の変化に対して，それを元に戻そうとする誘導起電力の大き

さということである。誘導起電力の大きさはコイルをつらぬく磁束の変化に比例し，コイルをつらぬく磁束の変化はコイルを流れる電流の変化に比例するから，自己誘導によってコイルに生じる誘導起電力 V は，けっきょく電流の時間変化 dI/dt に比例するであろう。この比例定数を L とすると，

$$V = -L\frac{dI}{dt}$$

と書ける(マイナス符号は，レンツの法則の「象徴的」な表現であることはいうまでもない)。

さて，この比例定数 L は，コイルの形状などによって決まるいわば「反発力」の強さを示す定数である。これを，このコイルの**自己インダクタンス**と呼ぶ。

交流回路においては，コンデンサーの電気容量 C と並んで重要な役割を果たす物理量である。

> **実習問題 9-2**
>
> 半径 r, 長さ l で巻き数が N のソレノイド・コイルがある。このソレノイド・コイルの内部に透磁率 μ の鉄心をつめたとき, このソレノイド・コイルの自己インダクタンスはいくらか。ただし, 長さ l は半径 r に比べて十分長いものとする。

解答&解説

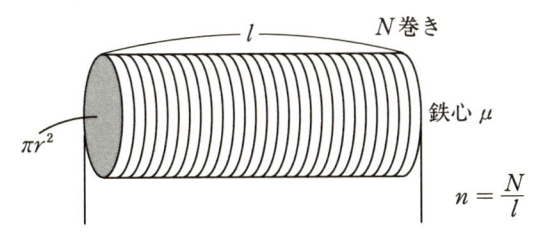

図9-24● 鉄心があっても H は変わらないが, B は変わる。

$n = \dfrac{N}{l}$

講義7で学んだように, ソレノイド・コイルの内部に生じる磁場 H は, コイルに流れる電流を I, コイルの単位長さあたりの巻き数を n として,

$$H = nI$$

であった。よって, 磁束密度 B は,

$$\begin{aligned} B &= \mu H \\ &= \mu n I \\ &= \boxed{\text{(a)}} \end{aligned}$$

（磁場 H は, 電場 E と違って, 直接, 力として観測される量ではない。そこで, 磁場 H は, そこに鉄心があるなしにかかわらず同じであるとするのである。しかし, じっさいの力は鉄心があると大きくなる。すなわち, 力は磁束密度 $B = \mu H$, つまり透磁率 μ に影響されることになる。）

コイルをつらぬく磁束 $\varPhi$ は, コイルの面積が πr^2 であるから,

$$\varPhi = \pi r^2 B$$

よって, 発生する誘導起電力 V は, コイル全体で N 巻きであるから,

$$V = -N\frac{d\varPhi}{dt}$$

$$= \boxed{\text{(b)}}$$

自己インダクタンスの定義,

$$V = -L\frac{dI}{dt}$$

と比べて,

$$L = \boxed{\text{(c)}} \quad \cdots\cdots\text{(答)}$$

コイルの内部が真空の場合, $\mu_0 = 4\pi \times 10^{-7}$ であるが, 鉄では μ は μ_0 の1万倍くらいにもなる。鉄のような物質は**強磁性体**と呼ばれ, その透磁率の大きさゆえに独特の磁気現象をともなうことになる。興味のある方は磁性体についての専門書を読まれたい。◆

●電気振動

コイルの自己インダクタンスが重要な働きをする回路の1例を挙げておこう。

図9-25●LC 振動回路

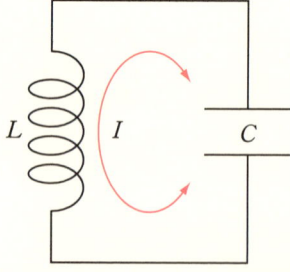

自己インダクタンスが L のコイルと, 電気容量が C のコンデンサーを図のように接続した回路である。このような回路では, 周期 $2\pi\sqrt{LC}$ の電気振動が生じることは, 高校物理でもおなじみである。

(a) $\mu\dfrac{N}{l}I$ (b) $-N\cdot\pi r^2 \cdot \mu\dfrac{N}{l}\dfrac{dI}{dt}$ (c) $\dfrac{\mu\pi r^2 N^2}{l}$

まず直感的なイメージを述べておけば，電気振動の原動力となるのはコイルの誘導起電力である。

　誘導起電力が生じる原因は，レンツの法則に則った磁束の変化を元に戻そうとする自然の「変化を嫌う」性質にある。物理用語でいえば「慣性」である。

図9-26●コンデンサーが空になっても，コイルには電流が流れつづける。

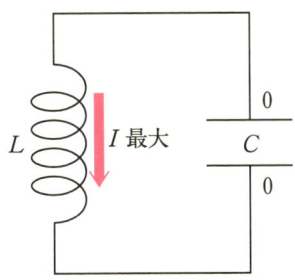

　たとえば，コイルに流れている電流が（コンデンサーの電気量が0になることによって）減りはじめようとすると，コイルはそれに反発し，元のままの電流を流し続けようとする。これは，物体を加速している力が0になっても，その物体はもっている速度のままで動きつづけようとする力学的な慣性と同じ性質のものである。こうして，コンデンサーの極板の電荷は0を通り越して，正負反対の電荷がたまりはじめることになる。

　しばしば引き合いに出されるように，**この電気振動はばねの単振動と数学的には同じものである。**すなわち，ばねにつりさげられた物体は，振動を起こすと，物体の質量による慣性のため，本来の力のつりあいの点を通り越して往復運動するが，これが上のコイルの誘導起電力による慣性に相当するわけである。

●振動回路の方程式

　次に，回路の方程式を立ててみよう。

　次図のように，コンデンサーにたまっている電気量を Q，回路に流れている電流を図の方向に I とする。ここで，Q や I はもちろん時間の関数である。

図9-27 ● $I = \dfrac{dQ}{dt}$

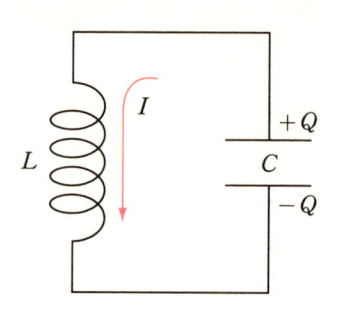

コンデンサーの極板間の電位差 V は，講義5 (70ページ) より，

$$V = \frac{Q}{C}$$

である。このとき，コイルの両端の電位差も V でなくてはいけないが，この V はコイルの誘導起電力そのものである（コイルではなく抵抗なら，この電位差は抵抗でのジュール熱の発生による電圧降下（$=RI$）になる。しかし，(理想的な)コイルでは電圧降下はない。この電位差は，より「積極的」な誘導起電力によるものである)。

そこで，

$$V = -L\frac{dI}{dt}$$

である。

コンデンサーの両端の電位差と，コイルの両端の電位差は，とうぜん等しくなくてはならないから，

$$\frac{Q}{C} = -L\frac{dI}{dt}$$

ここで，電流と電荷の関係は，$I = dQ/dt$ であるから，

$$L\frac{d^2Q}{dt^2} + \frac{Q}{C} = 0$$

この方程式は，Q に関するもっとも簡単な2階微分方程式である。解は三角関数になることが予測される。いまその解を，定数を適当にとって，

$$Q = A\sin(\omega t + \psi)$$

とおこう（A や ψ は，初期条件によって決まる）。1回微分すると，

$$\frac{dQ}{dt} = A\omega\cos(\omega t + \psi)$$

もう1回微分すると，

$$\frac{d^2Q}{dt^2} = -A\omega^2\sin(\omega t + \psi)$$

だから，元の方程式に代入してやると，

$$-LA\omega^2\sin(\omega t + \psi) + \frac{A}{C}\sin(\omega t + \psi) = 0$$

となり，

$$\omega = \frac{1}{\sqrt{LC}}$$

を得る。すなわち，この回路は周期

$$T = \frac{2\pi}{\omega} = 2\pi\sqrt{LC}$$

で振動する。

●コイルのエネルギー

講義5で，コンデンサーの静電エネルギーというものを考えた(79ページ)。

振動回路においては，コンデンサーの静電エネルギーは周期的に変化する。そして，この振動は，抵抗によるジュール熱の発生がないかぎり，永久につづく。つまり，エネルギー保存則が成立している(じつは，この回路には電磁波の発生というエネルギー喪失があるのだが，それは**講義10**で考えることにして，ここでは無視しよう)。

そうすると，コンデンサーの静電エネルギーの増減にともなって，どこかでそれを補うエネルギーの増減があるはずである。

コンデンサー以外にエネルギーの存在する場所といえば，コイルをおいて他にないであろう。

それでは，コイルはどのようなエネルギーをもつのか，それを調べてみよう。

図9-28 ●合計のエネルギーが保存する。

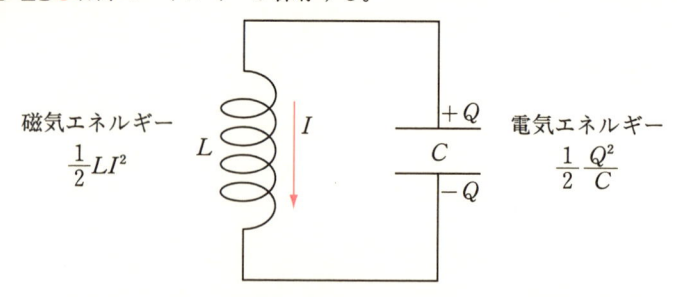

磁気エネルギー $\frac{1}{2}LI^2$　　L　　I　　$+Q$　　C　　$-Q$　　電気エネルギー $\frac{1}{2}\frac{Q^2}{C}$

　エネルギーは，つねに仕事と結びついている。ある系に外から仕事がなされると，その系のエネルギーは増加する。

　たとえば，起電力 V の電池の中を，陰極から陽極へ向かって電荷 dQ が通過すると，この電池がする仕事は，VdQ である。その結果，この回路のエネルギーは VdQ だけ増加する。

　誘導起電力でも同じことがいえるはずである。誘導起電力 V が生じているコイルの中を，dQ の電荷が通過すれば，VdQ だけ系のエネルギーは増加するであろう。V は時間変化するから，dQ を微小な時間に通過する微小な電気量とすれば，全体のエネルギー U は VdQ を積分してやればよい。

$$U = \int V\,dQ$$

　ここで，誘導起電力に，

$$V = -L\frac{dI}{dt}$$

を代入するが，マイナスの符号はとりあえずはずしておこう。というのも，この公式の符号は，電流の向きの取り方によってプラスにもマイナスにもなるものだからである。じっさい，コイルがする仕事は，プラスにもマイナスにもなることは明らかである（コンデンサーのエネルギーが，増えたり減ったりするのだから）。そこで，

$$U = \int L\frac{dI}{dt}\,dQ$$

微分記号はふつうの数と同じように扱ってよいから（『力学ノート』付録，「やさしい数学の手引き」参照），

$$\frac{\mathrm{d}I}{\mathrm{d}t}\cdot \mathrm{d}Q = \mathrm{d}I \cdot \frac{\mathrm{d}Q}{\mathrm{d}t} = \mathrm{d}I \cdot I$$

と書き換えることができる。そこで,

$$U = \int LI\,\mathrm{d}I$$
$$= \frac{1}{2}LI^2$$

これは不定積分だから,具体的なエネルギーの計算の場合には,積分範囲や符号を考慮してやらないといけない。しかし,この結果は,ある瞬間,自己インダクタンス L のコイルに電流 I が流れていれば,そこに $\frac{1}{2}LI^2$ というエネルギーが発生しているということを示している。

●磁気エネルギー

ところで,このエネルギーはどこに存在するのだろうか?

コイルを形づくっている導線の内部だろうか。そう考えることもできる。

しかし,コンデンサーの静電エネルギーを導いたときにも考えたように,「場」という考え方に立てば,このエネルギーは空間全体の中に分布しているとみなせるはずである(というか,そうみなした方が自然である)。そして,このコイルの中にある場は,静電場ではなく磁場である。だから,コイルのエネルギーとは,磁場のエネルギーとみなすのがよいだろう。

図9-29●エネルギーに関しても電場と磁場は対称的。

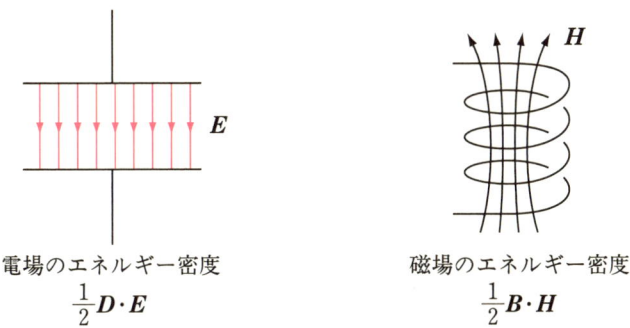

電場のエネルギー密度
$\frac{1}{2}\boldsymbol{D}\cdot\boldsymbol{E}$

磁場のエネルギー密度
$\frac{1}{2}\boldsymbol{B}\cdot\boldsymbol{H}$

講義5では,コンデンサーの静電エネルギーを電場の存在する空間の

体積で割ることによって，空間に分布している静電エネルギーの密度を計算した。その結果は，

$$u = \frac{1}{2}\varepsilon_0 E^2 \text{(真空中)} \quad \text{(または，} \frac{1}{2}\boldsymbol{D}\cdot\boldsymbol{E}\text{)}$$

であった(84ページ)。同じことを，ソレノイド・コイルを用いて計算してみよう。

実習問題 9-2 の記号をそのまま使い，L の値を代入すると，

$$U = \frac{1}{2}\cdot\frac{\mu\pi r^2 N^2}{l}\cdot I^2$$

である。一方，ソレノイド・コイルの内部の磁場は一様で，その大きさ H は，

$$H = \frac{N}{l}I\,(=nI)$$

だから，

$$I = \frac{lH}{N}$$

$$= \frac{lB}{\mu N}$$

また，ソレノイド・コイルの体積は $\pi r^2 l$ で，コイルの外部には磁場は存在しないとしてよいから，けっきょく磁場のエネルギー密度 u は，

$$u = \frac{U}{\pi r^2 l}$$

$$= \frac{1}{2}\cdot\frac{\mu\pi r^2 N^2}{l}\cdot\frac{\left(\frac{lB}{\mu N}\right)^2}{\pi r^2 l}$$

$$= \frac{1}{2}\frac{B^2}{\mu}$$

あるいは，

$$u = \frac{1}{2}\mu H^2 \quad \text{(または，} u = \frac{1}{2}\boldsymbol{B}\cdot\boldsymbol{H}\text{)}$$

となる。電場のエネルギー密度 $\frac{1}{2}\boldsymbol{D}\cdot\boldsymbol{E}$ と比較すれば，対称性が成立していることが分かるであろう。

以上で，我々は電場と磁場に関する基本法則を一通り学んだことになる。
　最終講は，マクスウェルの発見した電磁波でしめくくることにしよう。そして，それは20世紀の物理学への第一歩なのである。

LECTURE 10 マクスウェルの方程式と電磁波

　これまでの9講にわたって調べてきた電磁気学の法則を，ここで簡潔にまとめてみることにしよう。

　この世界には電気があり，その電気が動くと電流ができる。しかし，単位磁荷は存在しない（それゆえ磁荷の流れである「磁流」もない）。この点だけが，電気と磁気の対称性を破っているが，それ以外では電気と磁気の対称性が成立している。

　我々が物質と呼ぶものは電気だけであるが，物質が存在しない場所にも，電場と磁場というものが存在する。

　ただし，電場と磁場は物質と違って，直接観測することができない。観測できるものは，力やエネルギーである。そこで，電場と磁場の単位にある種の任意性が生じるのはやむをえない。また，電場と磁場は，観測する座標系によって，見えたり，隠れたりする。それゆえ，電場と磁場はこの世の実在とは考えにくい。しかし，そのことを言い出すと，時間や空間もまた実在とは考えにくいものになる。哲学者のカントがいったように，真なる実在などというものは，認識不可能なのである。よって，我々が学んできた電場と磁場は，人間の認識能力からすると，そうとう真実に迫った存在と考えてよいのである（なぜなら，これまでなされたすべての観測結果に合致するから）。

　けっきょく，我々が学んだことは，物質である電気と，それによって生じる電場と磁場の間の関係であった。

● マクスウェルの方程式

　マクスウェルは，その関係をきわめて簡潔な4つの方程式にまとめた。すなわち，

マクスウェルの方程式

$$\mathrm{div}\,\boldsymbol{D} = \rho \quad \cdots\cdots ①$$

$$\mathrm{rot}\,\boldsymbol{E} = -\frac{\partial \boldsymbol{B}}{\partial t} \quad \cdots\cdots ②$$

$$\mathrm{div}\,\boldsymbol{B} = 0 \quad \cdots\cdots ③$$

$$\mathrm{rot}\,\boldsymbol{H} = \boldsymbol{i} + \frac{\partial \boldsymbol{D}}{\partial t} \quad \cdots\cdots ④$$

ただし(真空中では),

$$\boldsymbol{D} = \varepsilon_0 \boldsymbol{E}$$

$$\boldsymbol{B} = \mu_0 \boldsymbol{H}$$

であり，$\boldsymbol{E}$ か $\boldsymbol{D}$ か，$\boldsymbol{H}$ か $\boldsymbol{B}$ か，については，誘電体や磁性体の性質を云々するのでないかぎり，さほど目くじらを立てる必要はない。

図10-1

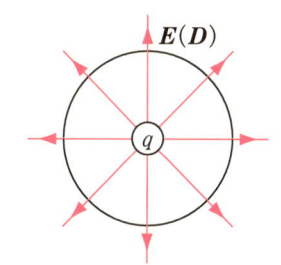

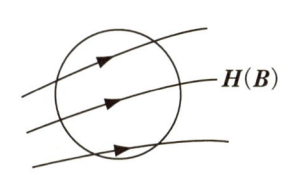

電荷があれば，電場が発散する。
$\mathrm{div}\,\boldsymbol{D} = \rho$

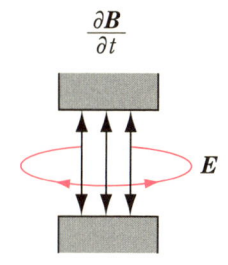

磁荷はないから，磁場は発散しない。
$\mathrm{div}\,\boldsymbol{B} = 0$

図10-2

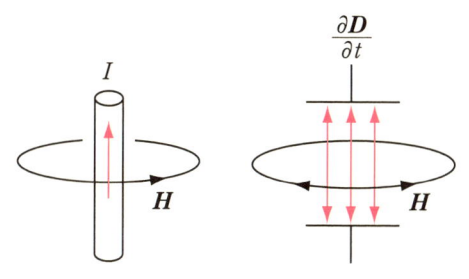

電流と変化する電場が磁場をつくる。
$\mathrm{rot}\,\boldsymbol{H} = \boldsymbol{i} + \frac{\partial \boldsymbol{D}}{\partial t}$

変化する磁場が電場をつくる。
$\mathrm{rot}\,\boldsymbol{E} = -\frac{\partial \boldsymbol{B}}{\partial t}$

すでに何度も述べたことだが，4つの式の物理的イメージをもう一度，復習しておこう(話の流れを通すために，順序を少し変える。番号は，前ページの式番号に対応)。

> ❶ 電荷があれば，そこから電場が発散する。
> ❸ 磁荷は存在しないから，磁場の発散はない。
> ❹ 回転する磁場をつくるものは，電流と変化する電場である。
> ❷ 回転する電場をつくるものは，磁流はないので，変化する磁場だけである。

(式②にマイナス符号がついている理由は，講義9でも述べたように，エネルギー保存則をみたすためである。これがプラスになると，式②と式④が呼応してエネルギーが無限大に発散してしまう。)

物質である電荷(電気量 q の荷電粒子)のふるまいについては，ローレンツ力の式がすべてを決定する。

$$F = q(E + v \times B)$$

(相対論を配慮した)運動方程式の力の項に，上のローレンツ力を入れておけば，荷電粒子の運動は完全に決定される。

●真空中での電磁場のふるまい

そこで，残された問題は，(物質ではない)電場と磁場の「ふるまい」である。

マクスウェルの方程式は，電磁場の法則を述べているだけで，その法則の結果，電磁場がどのようにふるまうかについては，方程式を解かねばならない。本講の目的は，まさにそれである。

しかし，上の4つの方程式を一般的に解くことは，そうとう難しい。我々の目的は，難解な計算技術を学ぶことではなく，電磁場の本質を知ることであるから，なるべく簡単な場合について解いてみるのが「教育的」であろう。

知りたいことは，物質である電荷のことではなく，非物質である電場と磁場のことであるから，4つの方程式から物質的要素を取り除こう（電荷や電流を取り除いたら電場も磁場も生じないではないか，という疑問をもたれる方は，講義3（49ページ）の説明を読み直して頂きたい。電荷や電流はどこかにある。しかし，我々が考えようとしている空間の一点には電荷も電流もない。そういう一点を考えようとしているのである）。

　そこで，4つの方程式から，ρとiを取り除くと，

$$\mathrm{div}\,\boldsymbol{D} = 0 \quad \cdots\cdots ①'$$

$$\mathrm{rot}\,\boldsymbol{E} = -\frac{\partial \boldsymbol{B}}{\partial t} \quad \cdots\cdots ②$$

$$\mathrm{div}\,\boldsymbol{B} = 0 \quad \cdots\cdots ③$$

$$\mathrm{rot}\,\boldsymbol{H} = \frac{\partial \boldsymbol{D}}{\partial t} \quad \cdots\cdots ④'$$

という，対称的な式になる。

図10-3●EはHを生み，HはEを生み……という連鎖がつづく。

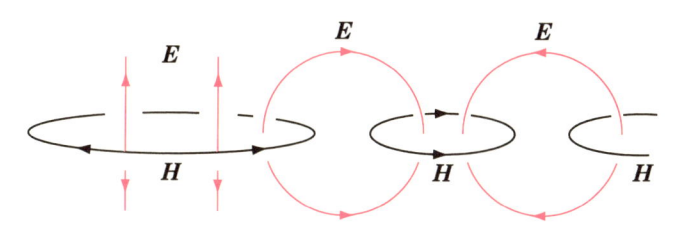

　これらの式からすぐ分かることは，たとえば④′から，電場が変化すると磁場ができるが，この磁場は電場の変化にあわせてとうぜん変化するだろうから，②より，この変化する磁場は，変化する電場をつくることになる。こうして，電場が磁場を生み，磁場が電場を生み，その電場がまた磁場を生み……ということが，永久に繰り返されることになるだろう。それがどのようなものなのか，ということを知りたいわけである。

> **演習問題 10-1** 真空中の電磁場の式、②と④'から、磁場 H を消去して、電場 E だけの方程式を導け。

解答&解説 式②

$$\text{rot}\, \bm{E} = -\frac{\partial \bm{B}}{\partial t}$$

の両辺の回転 (rot) をとる。

$$\text{rot}(\text{rot}\, \bm{E}) = -\text{rot}\left(\frac{\partial \bm{B}}{\partial t}\right)$$

時間の偏微分は，rot の外に出してよいだろうから，

$$\text{rot}(\text{rot}\, \bm{E}) = -\frac{\partial}{\partial t}(\text{rot}\, \bm{B})$$

$$= -\mu_0 \frac{\partial}{\partial t}(\text{rot}\, \bm{H})$$

ここで rot $\bm{H}$ に，式④'の右辺を代入する。

$$\text{rot}(\text{rot}\, \bm{E}) = -\mu_0 \frac{\partial}{\partial t}\left(\frac{\partial \bm{D}}{\partial t}\right)$$

$$= -\varepsilon_0 \mu_0 \frac{\partial^2 \bm{E}}{\partial t^2}$$

このままでは、あまりかっこよくないから、左辺をもう少し変形しよう。

付録「やさしい数学の手引き」より，

$$\text{rot}(\text{rot}\, \bm{E}) \equiv \nabla \times (\nabla \times \bm{E})$$

$$= \nabla(\nabla \cdot \bm{E}) - \nabla^2 \bm{E}$$

$$= \text{grad}(\text{div}\, \bm{E}) - \nabla^2 \bm{E}$$

ここで，電荷がないという仮定，すなわち①'より，

$$\text{div}\, \bm{E} = 0$$

だから、けっきょく，

$$\nabla^2 \bm{E} = \varepsilon_0 \mu_0 \frac{\partial^2 \bm{E}}{\partial t^2}$$

あるいは，
$$\nabla^2 \boldsymbol{E} - \varepsilon_0 \mu_0 \frac{\partial^2 \boldsymbol{E}}{\partial t^2} = 0 \quad \cdots\cdots (答)$$

となる。もう少し具体的に書けば，
$$\left(\frac{\partial^2}{\partial x^2} + \frac{\partial^2}{\partial y^2} + \frac{\partial^2}{\partial z^2}\right)\boldsymbol{E} - \varepsilon_0 \mu_0 \frac{\partial^2 \boldsymbol{E}}{\partial t^2} = 0$$

さらに，$\boldsymbol{E}$ はベクトルであるから，この式は具体的には E_x, E_y, E_z に関する3つの式であることを示している。◆

●波動方程式

それでは，演習問題10-1で導いた電場に関する方程式を解くことにしよう。

じつは，この2階偏微分方程式は，物理現象ではしょっちゅう出てくるおなじみの方程式である。

図10-4●波動は，空間的(x, y, z)，時間的(t)に変化する。

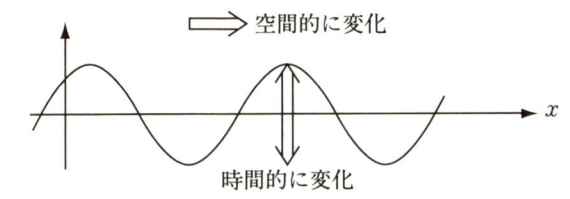

$\boldsymbol{E}$ は，空間 (x, y, z) 的にも時間 (t) 的にも変化する。高校物理で，位置と時間の両方の関数となる式が登場する分野を思い出して頂きたい。

それは，波動である。

$$\nabla^2 \boldsymbol{E} - \varepsilon_0 \mu_0 \frac{\partial^2 \boldsymbol{E}}{\partial t^2} = 0$$

は，3次元の波動方程式と呼ばれる。

この波動方程式を解くことは，物理数学の問題としては標準的なものであるが，それでも初心者にとってはいささかやっかいである。我々は，もっと簡単な場合について考えることにしよう。

●ラプラスの方程式を思い出そう

その前に，講義3（48ページ）で登場したラプラスの方程式を思い出して頂きたい。

$$\Delta V = 0 \quad (\nabla^2 V = 0 \text{と同じ})$$

上の波動方程式は，E が時間的に変化しなければ，ラプラスの方程式と同じ形になる。違いは，V がスカラーであるのに対して，E はベクトルであるという点だけである。

図10-5● $\left(\dfrac{\partial^2}{\partial x^2}+\dfrac{\partial^2}{\partial y^2}+\dfrac{\partial^2}{\partial z^2}\right)V=0$ の解

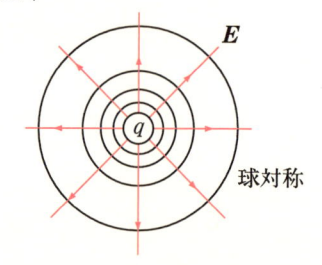

球対称

ところで，境界条件として，1つの点電荷だけが存在するとき，ラプラスの方程式の解は，球対称であった（クーロンの法則から導いた電位の式，$\dfrac{1}{4\pi\varepsilon_0}\dfrac{q}{r}$ そのものである）。

図10-6● $\left(\dfrac{\partial^2}{\partial x^2}+\dfrac{\partial^2}{\partial y^2}\right)V=0$ の解

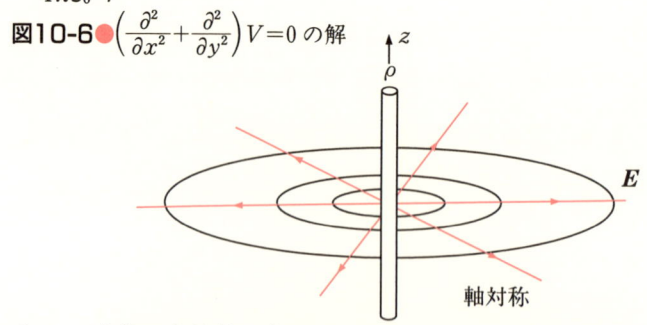

軸対称

次に，電荷が直線状に無限に分布しているときの解を考えよう。このとき，その対称性から，電気力線は直線から放射状に発散し，電位は直線電荷を中心に同心円状になるはずである。

図のように，電荷の直線状に並んだ方向を z 軸とすると，電位は z 方向には変化しない。つまり，ラプラスの方程式は2次元になる。

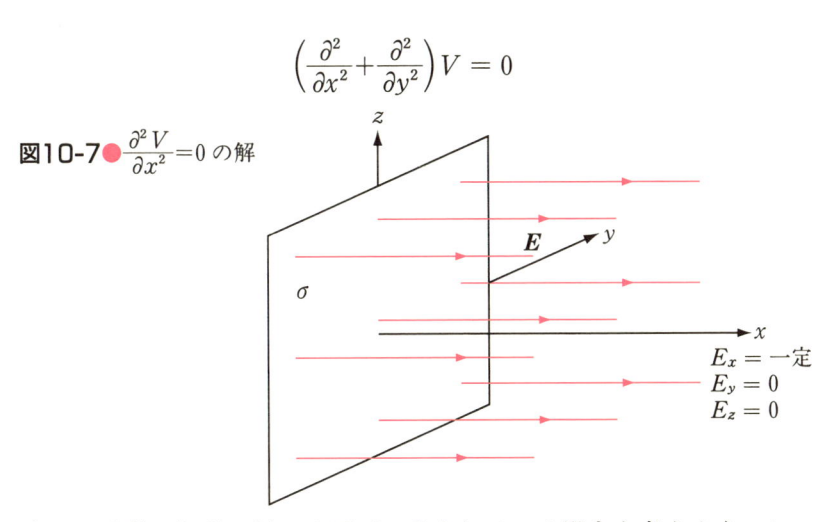

$$\left(\frac{\partial^2}{\partial x^2}+\frac{\partial^2}{\partial y^2}\right)V = 0$$

図10-7 ● $\frac{\partial^2 V}{\partial x^2}=0$ の解

$E_x = $ 一定
$E_y = 0$
$E_z = 0$

次に，電荷が無限に拡がる平面に分布している場合を考えよう。この平面を y-z 面にとると，電気力線は x 方向に平行になり，電場および電位は y, z にはよらない。つまり，ラプラスの方程式は1次元となる。

$$\frac{\partial^2 V}{\partial x^2} = 0$$

(この方程式の解は，a, b を定数として $V = ax + b$ という簡単なものである。すなわち，電場は y, z によらず，かつ x 方向を向き，かつ大きさ一定である。)

● 1次元の波動方程式

まったく同様に，波動方程式の場合も，境界条件として y-z 平面で一様に時間変化する電荷分布をとれば，その周囲に生じる電場や磁場は，y 方向，z 方向には変化しないであろう(空間的にという意味である。つまり，y-z 平面のどこをとっても，その場所での電場や磁場の大きさ，向き，時間変化は，他の(x 座標が等しい) y-z 平面上の点とまったく同じということである)。

そこで，波動方程式は1次元となり(x 方向の変化だけ考えればよい)，

$$\frac{\partial^2 \boldsymbol{E}}{\partial x^2} - \varepsilon_0\mu_0 \frac{\partial^2 \boldsymbol{E}}{\partial t^2} = 0$$

ただし，$\boldsymbol{E}$ はベクトルであるから，上の方程式は具体的には E_x，E_y，E_z の3つの成分に関する方程式である($\boldsymbol{E}$ が y, z によらないということと，

図10-8● y-z面で変化する電流(なり電場)を境界条件とすれば，EとHはyとzにはよらず，$E(x,t)$, $H(x,t)$となる。

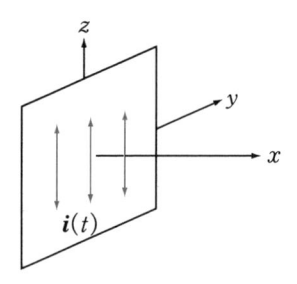

E_y, E_zが存在するということは別の話である。念のため)。しかし，我々は条件として，

$$\mathrm{div}\, E = 0$$

を選んだ。つまり，

$$\frac{\partial E_x}{\partial x}+\frac{\partial E_y}{\partial y}+\frac{\partial E_z}{\partial z}=0$$

Eはy,z方向には変化しないのだから，yとzの偏微分の項はとうぜん0である。すなわち，

$$\frac{\partial E_x}{\partial x}=0$$

となり，Eはx方向にも変化しないことになる。

さらに，電流のない場合のマクスウェルの方程式④′，

$$\mathrm{rot}\, H = -\frac{\partial D}{\partial t}$$

のx成分を書けば，

$$\frac{\partial H_z}{\partial y}-\frac{\partial H_y}{\partial z}=-\varepsilon_0\frac{\partial E_x}{\partial t}$$

であるが，磁場もまたy-z方向には変化しないから，左辺は0。よって，

$$\frac{\partial E_x}{\partial t}=0$$

となる。つまり，電場Eのx成分は空間的にも時間的にも変化しない。

しかし，これはちょっと奇妙である。かりにこのような電場が存在したとしても，

$$E_x = 時間的，空間的に一定$$

図10-9● E_x は静電場であり，E_y と E_z の合成である y-z 平面上の電場だけを考えればよい。

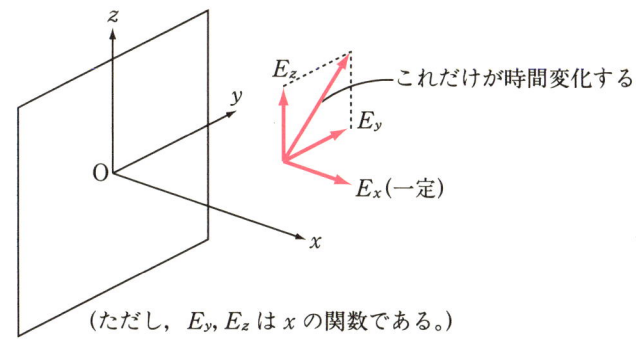

これだけが時間変化する

E_z, E_y, E_x（一定）

（ただし，E_y, E_z は x の関数である。）

であるから，電場 $\boldsymbol{E}$ の x 成分は我々がいま考えている時間的に変化するダイナミックな電磁場とは無関係である。じっさい，このような電場は，1次元のラプラスの方程式で学んだように，無限に拡がる一様な電荷分布がつくる静電場の解である。そのような電場はあってもよいが，x 成分は波動方程式の解として無視してもよいであろう。

そこで，けっきょく，我々は電場に関する1次元の波動方程式として，具体的には次のものを得る。

($E_x = $ 一定　これは無視)

$$\frac{\partial^2 E_y}{\partial x^2} - \varepsilon_0 \mu_0 \frac{\partial^2 E_y}{\partial t^2} = 0$$

$$\frac{\partial^2 E_z}{\partial x^2} - \varepsilon_0 \mu_0 \frac{\partial^2 E_z}{\partial t^2} = 0$$

この電場のイメージは次のようなものである。電場のベクトルは y-z 平面上にあり，かつ y-z 平面上ではどこも同じ向き，同じ値をとる。しかも，y 成分と z 成分は独立，かつ対称的に変化するから，y-z 座標をうまく選べば，ひょっとすると y 成分だけ，あるいは z 成分だけで表すこともできるかもしれない。しかし，とりあえずこのままにしておこう。

たとえば，一般的には，E_y と E_z はある一定の位相のずれで変化してよいから，回転する電場のようなものも解となる。力学における2次元単振動のリサージュ図形を思い起こしてほしい。

ここまでくれば，この波動方程式を解くことは簡単である。

> **演習問題 10-2** 前述の波動方程式の解が，正弦波の形になると仮定して，
> $$\frac{\partial^2 E}{\partial x^2} - \varepsilon_0 \mu_0 \frac{\partial^2 E}{\partial t^2} = 0$$
> を解き，この波動の伝わる速さを求めよ。
> （E_y, E_z に関してどちらも同じ方程式なので，添え字を省略してある。）

解答＆解説 高校物理で学んだ波動の式を思い出して，
$$E = A\sin(\omega t - kx + \psi)$$
とおこう（これは**進行波**であるが，$\omega t + kx$ として**後退波**にしても，結果は同じになる）。振幅 A と初期位相 ψ は，境界条件と初期条件で決まる定数である。ω と k は，振動数 f と波長 λ で表せば，
$$\omega = 2\pi f$$
$$k = \frac{2\pi}{\lambda}$$
である。

図10-10 ● x 方向に進行する１次元の正弦波。

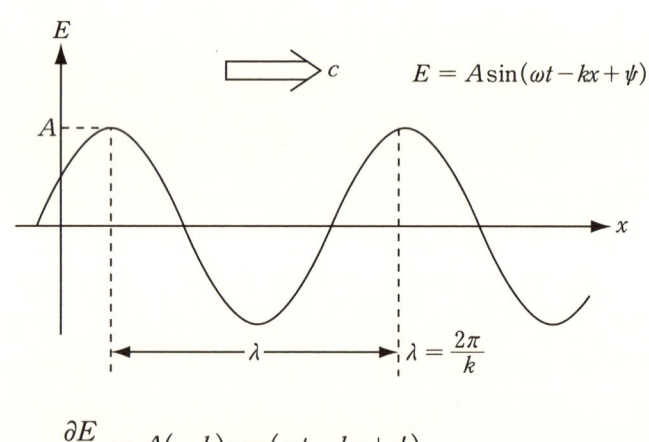

$$\frac{\partial E}{\partial x} = A(-k)\cos(\omega t - kx + \psi)$$

$$\frac{\partial^2 E}{\partial x^2} = -Ak^2 \sin(\omega t - kx + \psi)$$

$$\frac{\partial E}{\partial t} = A\omega \cos(\omega t - kx + \psi)$$

$$\frac{\partial^2 E}{\partial t^2} = -A\omega^2 \sin(\omega t - kx + \psi)$$

だから，波動方程式に代入すると，
$$-Ak^2\sin(\omega t - kx + \psi) + \varepsilon_0\mu_0 A\omega^2\sin(\omega t - kx + \psi) = 0$$
よって，
$$k^2 = \varepsilon_0\mu_0\omega^2$$
でなくてはならない。k と ω は一意的には決まらないが，その比は $\varepsilon_0\mu_0$ によって決まる。すなわち，この波の伝播速度を c とすると，
$$c = f\lambda = \frac{\omega}{k} = \frac{1}{\sqrt{\varepsilon_0\mu_0}} \quad \cdots\cdots \text{(答)}$$
となる。

ε_0 と μ_0 の値は，すでに知られた定数である。すなわち，
$$\frac{1}{4\pi\varepsilon_0} \fallingdotseq 9.0\times10^9$$
$$\mu_0 = 4\pi\times10^{-7}$$
であるから，
$$c = \frac{1}{\sqrt{\varepsilon_0\mu_0}}$$
$$\fallingdotseq \frac{1}{\sqrt{\dfrac{1}{4\pi\times9\times10^9}\times 4\pi\times10^{-7}}} = 3.0\times10^8 \,[\text{m/s}]$$

となり，これは **真空中の光の速さ** に等しい。◆

● 1次元波動方程式の一般解

演習問題 10-2 では，電場の形を正弦波にしたが，そうである必然性は何もない。正弦波は解の 1 つであるにすぎない。一般には，このような 1 次元波動方程式をみたす解は，$\omega t \pm kx$ の関数であればよい。すなわち，f と g をそのような任意の関数として，
$$E = f(\omega t - kx) + g(\omega t + kx)$$
が一般解である。

図10-11●一般的には波は正弦波である必要はない。

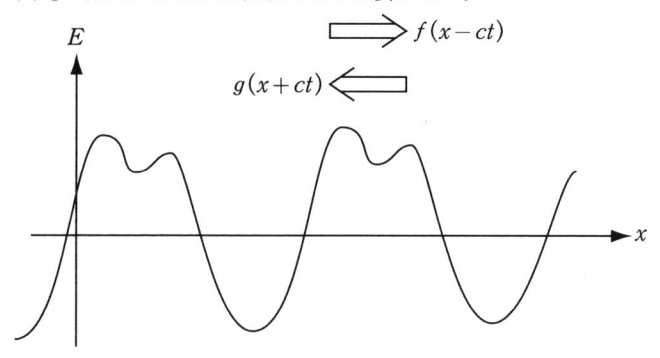

ただ1ついえることは、この波の伝播速度は、(真空中であるかぎり)どれも $\dfrac{1}{\sqrt{\varepsilon_0\mu_0}}$ (光速)になるということである。

さて、電場の波ばかりを見てきたが、磁場の波はどうなるのであろうか。

じつは、磁場の波動方程式は電場とまったく同じ形になる。すなわち、

$$\frac{\partial^2 H_y}{\partial x^2} - \varepsilon_0\mu_0 \frac{\partial^2 H_y}{\partial t^2} = 0$$

$$\frac{\partial^2 H_z}{\partial x^2} - \varepsilon_0\mu_0 \frac{\partial^2 H_z}{\partial t^2} = 0$$

それゆえ、磁場もまた光速 c で伝わる波である。しかし、電場と磁場は独立に存在するのではない。マクスウェルの方程式が、電場と磁場を密接に結びつけている。それゆえ、電場の解が求まれば、磁場の解はそれによって何らかの拘束を受けるであろう。

> **実習問題 10-1**　１次元の波動方程式をみたす電場と磁場は，互いに直交することを示せ。

> **ヒント！**　計算表記を簡単にするため，$\omega/k = c$（定数）とし，波動方程式の解を $f(x-ct)$ などとおけばよい。

解答&解説　電場と磁場の直交性は，電磁波の特徴である。なぜそうなるかを直感的にいえば，電場と磁場が rot（回転）で結ばれているからである。

図10-12● E と H が回転（rot）で結ばれている＝直交。

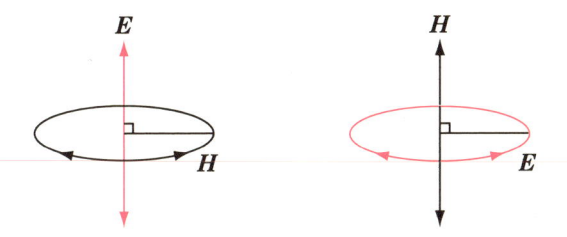

　たとえば，電場の z 成分が時間変化すると，x-y 平面上に回転する磁場ができる。それゆえ，電場と磁場は直交するに決まっている。

　しかし，そのような答案では，単位はもらえないだろうから，数式の上で証明してみよう。

　直交性を証明するには，電場と磁場のベクトルの内積が 0 であることを示せばよい。すなわち，E_x および H_x は 0 としておいてよいから，
$$E_y H_y + E_z H_z = 0$$
を示せばよい。

　いま，波動方程式の解として，
$$E_y = f(x-ct)$$
$$E_z = g(x-ct)$$
が得られたとしよう。このとき，H_y, H_z がどうなるかは，たとえば，
$$\mathrm{rot}\, \boldsymbol{E} = -\frac{\partial \boldsymbol{B}}{\partial t}$$

を用いればよい（rot $\boldsymbol{H}=\partial \boldsymbol{D}/\partial t$ を用いても同じである）。

このマクスウェルの方程式の y 成分と z 成分を書き下せば，

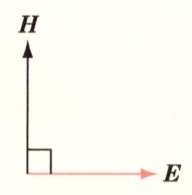

$$y \text{ 成分}: \frac{\partial E_x}{\partial z}-\frac{\partial E_z}{\partial x}=-\frac{\partial B_y}{\partial t}$$

$$z \text{ 成分}: \frac{\partial E_y}{\partial x}-\frac{\partial E_x}{\partial y}=\boxed{\text{(a)}}$$

であるが，E_x の微分は 0 としてよいから，

$$\frac{\partial B_y}{\partial t}=\frac{\partial E_z}{\partial x}=g'$$

$$\frac{\partial B_z}{\partial t}=-\frac{\partial E_y}{\partial x}=\boxed{\text{(b)}}$$

となる。ここで，f' および g' は，f および g を $(x-ct)$ の関数とみなして微分した値である。

f および g を，時間 t で偏微分すれば，$-cf'$ および $-cg'$ であるから，逆に積分してやれば，

$$B_y=-\frac{g}{c}$$

$$B_z=\boxed{\text{(c)}}$$

よって，

$$E_y B_y + E_z B_z = f \cdot \left(-\frac{g}{c}\right)+g \cdot \left(\frac{f}{c}\right)=0$$

となり，$\boldsymbol{E}$ と $\boldsymbol{B}$（すなわち $\boldsymbol{H}$）は直交することが分かる。

図10-13 いずれにしても，真空中の電磁波の $\boldsymbol{E}$ と $\boldsymbol{H}$ は直交する。

(a) $-\dfrac{\partial B_z}{\partial t}$　　(b) $-f'$　　(c) $\dfrac{f}{c}$

以上の計算自体には，大した意味はない。前述したように，電場と磁場の直交性は，それぞれの時間変化が相手のrot（回転）を生むというところによっているのである。◆

●電磁波のイメージ

さて，これで我々は電場と磁場が，互いが互いを生みながら進んでいく波——すなわち電磁波のイメージを描けることになった（あくまで1次元の波ではあるが）。それは，図のようなイメージである。

図10-14●電磁波のイメージ（ただし，じっさいには$|E|$は$|H|$よりかなり大きい（後述））。

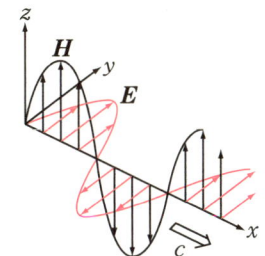

とはいえ，Eの大きさとHの大きさは，同じではない。そもそもEとHの大きさにはある種の任意性があることは，すでに何度も述べた通りである。後述するように，等しいのはエネルギーであって，EとHの比は，$|E|/|H|=376$となる。

無限に拡がる電荷分布が単振動すると，このような波が生じる。このような波を**平面波**と呼ぶ。波面が平面となって進んでいくからである。

たとえば，時間変化する電荷が球状に分布していれば，このとき電磁波は**球面波**となって拡がっていくであろう（本書では，その解までは立ち入らないが）。しかし，球面が平面に見えるほど微小な部分を見れば，そこでの電磁波は平面波とみなせる。すなわち，平面波は波動のもっとも基本的な形であるといえる。

●電磁波のエネルギー

最後に，電磁波が運ぶエネルギーについて考えてみよう。

すでに，講義5と講義9で，電場や磁場のある空間には，エネルギーが分布していることを学んだ。電場のエネルギー密度をu_E，磁場のエネ

ルギー密度を u_M とすると,

$$u_E = \frac{1}{2}\varepsilon_0 E^2$$

$$u_M = \frac{1}{2}\mu_0 H^2$$

であった。だから，電場と磁場の両方が存在すれば，その点には，

$$u = u_E + u_M$$
$$= \frac{1}{2}(\varepsilon_0 E^2 + \mu_0 H^2)$$

のエネルギー密度が存在するであろう。

図10-15●電磁波はエネルギーを運ぶ

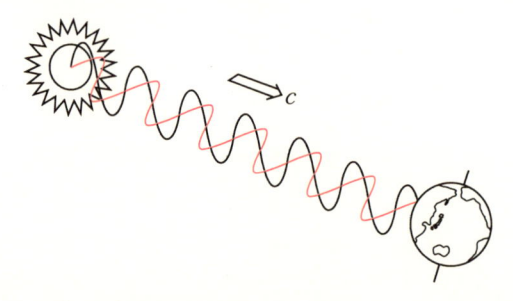

　電場や磁場がない空間に電磁波が伝播してくると，そこに上式のような電磁的なエネルギーが生じる。そのエネルギーは電磁波がもたらしたものだから，電磁波はエネルギーを運ぶと考えねばならない。じっさい，地球上の生命は太陽からエネルギーを得て生きているが，そのエネルギーは太陽と地球の間の宇宙空間を伝播してくる電磁波(光)が運んでいるわけである。我々がものを「見る」ことができるのも，電磁波(光)が運ぶエネルギーが，網膜の細胞を振動させるからである。

　エネルギーの流れは，電磁波の進む方向と一致することは，いうまでもないだろう。そして，その速さは真空中であるなら，c である。

　そこで，空間のある断面 dS を考えて，そこを(垂直に)電磁波が通過したとき，1秒間にその断面を通過するエネルギーの合計は，

$$U = u \times c \times dS$$
$$= \frac{1}{2}c(\varepsilon_0 E^2 + \mu_0 H^2)dS$$

図10-16 電磁波が断面 dS を垂直に通過するとき，体積 c dS の中にある
エネルギーが毎秒 dS を通過する。

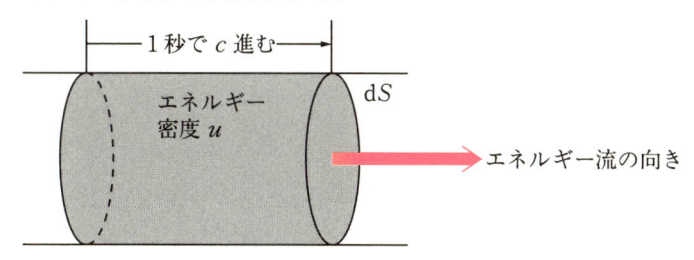

となる。もし電場と磁場の対称性がエネルギーについても成り立つなら（そしてそれはもっともらしい仮定である），

$$\frac{1}{2}\varepsilon_0 E^2 = \frac{1}{2}\mu_0 H^2$$

であるから，U を電場だけを用いて表すなら，

$$U = c(\varepsilon_0 E^2)\mathrm{d}S$$

となる。

このエネルギーの流れは，向きをもっているから，ベクトルとみなすことができる。すなわち，電磁波が運ぶエネルギーの流れは，面積密度，

$$c\varepsilon_0 E^2$$

の大きさをもった，電磁波の進行方向を向いたベクトルである，ということができる。

●真空のインピーダンス

前述したように，電磁波の E と H の大きさは同じではない。我々が電磁波から直接感じ取れる量はエネルギーであって，電場のエネルギーと磁場のエネルギーが等しくなるのである。そこで，すでに述べたように，

$$\varepsilon_0 E^2 = \mu_0 H^2$$

であるから，

$$\frac{|\boldsymbol{E}|}{|\boldsymbol{H}|} = \sqrt{\frac{\mu_0}{\varepsilon_0}} = c\mu_0 \fallingdotseq 2.997 \times 10^8 \times 4\pi \times 10^{-7} = 376$$

となる。この電場と磁場の比の次元は，電圧／電流となり，抵抗 [Ω] で

表される。それゆえ、この 376 [Ω] は**真空のインピーダンス**と呼ばれるのである（工学的な回路を勉強するときには、この値は重要な意味をもつが、我々はこの値を深刻に捉える必要はない）。

話はこれですべてなのであるが、我々は電磁気学を学ぶ過程で、rot や div といったベクトル解析に慣れ親しんできた。最後に、このベクトル解析の「テクニック」を使って、電磁波が運ぶエネルギーの流れの密度を表すベクトルを、もっとかっこよく導いてみることにしよう。

●ポインティング・ベクトル

ある（真空の）空間 V を占めるエネルギーは、エネルギー密度を体積で積分して、

$$U = \frac{1}{2}\int_V (\varepsilon_0 E^2 + \mu_0 H^2)\,dV$$

である。この U の時間変化を考えてみよう（なぜなら、U の増加や減少が、この空間から運ばれる（出たり、入ったり）エネルギーになるからである）。

$$\frac{dU}{dt} = \int_V \left(\varepsilon_0 \boldsymbol{E}\cdot\frac{d\boldsymbol{E}}{dt} + \mu_0 \boldsymbol{H}\cdot\frac{d\boldsymbol{H}}{dt}\right)dV$$

マクスウェルの方程式②, ④′より（上式は、ある一点の $\boldsymbol{E}$ や $\boldsymbol{H}$ を考えているので、時間微分はふつうの微分になっているが、偏微分と考えても差し支えない）、

$$\frac{d\boldsymbol{E}}{dt} = \frac{1}{\varepsilon_0}\operatorname{rot}\boldsymbol{H}$$

$$\frac{d\boldsymbol{H}}{dt} = -\frac{1}{\mu_0}\operatorname{rot}\boldsymbol{E}$$

だから、

$$\frac{dU}{dt} = \int_V (\boldsymbol{E}\cdot\operatorname{rot}\boldsymbol{H} - \boldsymbol{H}\cdot\operatorname{rot}\boldsymbol{E})\,dV$$

ところで、ベクトル解析の公式に、任意のベクトル $\boldsymbol{A}, \boldsymbol{B}$ について、

$$\operatorname{div}(\boldsymbol{A}\times\boldsymbol{B}) = \boldsymbol{B}\cdot\operatorname{rot}\boldsymbol{A} - \boldsymbol{A}\cdot\operatorname{rot}\boldsymbol{B}$$

というのがあるので，これを用いると，
$$\frac{dU}{dt} = \int_V \mathrm{div}(\boldsymbol{H} \times \boldsymbol{E})\,dV$$

電荷の保存の式，$\mathrm{div}\,\boldsymbol{i} = -d\rho/dt$ と同じで，発散 (div) していくとエネルギーは減るわけだから，そのように符号を直すと，
$$\frac{dU}{dt} = -\int_V \mathrm{div}(\boldsymbol{E} \times \boldsymbol{H})\,dV$$

ガウスの定理によって，
$$\int_V \mathrm{div}(\boldsymbol{E} \times \boldsymbol{H})\,dV = \int_S (\boldsymbol{E} \times \boldsymbol{H}) \cdot \boldsymbol{n}\,dS$$
だから，けっきょく，
$$\frac{dU}{dt} = -\int_S (\boldsymbol{E} \times \boldsymbol{H}) \cdot \boldsymbol{n}\,dS$$

つまり，ある空間から，単位面積あたり，単位時間あたり，流出していくエネルギーの密度は，それを S で表して，
$$\boldsymbol{S} = \boldsymbol{E} \times \boldsymbol{H}$$
となる。このベクトルの向きは，$\boldsymbol{E}$ にも $\boldsymbol{H}$ にも垂直だから，電磁波の進行方向に一致する。また，
$$\varepsilon_0 E^2 = \mu_0 H^2$$
を使えば，
$$H = \sqrt{\frac{\varepsilon_0}{\mu_0}} E$$
だから，$\boldsymbol{E} \times \boldsymbol{H}$ の大きさは ($\boldsymbol{E}$ と $\boldsymbol{H}$ は直交しているから)，
$$|\boldsymbol{S}| = E \times \sqrt{\frac{\varepsilon_0}{\mu_0}} E$$
$$= c\varepsilon_0 E^2$$
となって，先に求めた結果と一致する。

こうして，電磁波のエネルギーの流れ(の密度)は，
$$\boldsymbol{S} = \boldsymbol{E} \times \boldsymbol{H}$$
という，簡単明瞭なベクトルとして表現できることが分かった。このベクトルを**ポインティング・ベクトル**と呼ぶ。

図10-17 ● E から H にねじをひねる方向（電磁波の進む方向）に，$|E \times H|$ の大きさのエネルギー流がある（毎秒・単位面積あたり）。

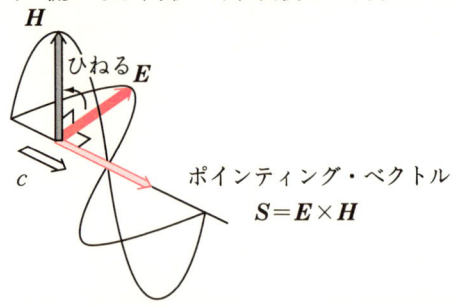

ポインティング・ベクトルは，日常生活でなじみの深い電気現象とはほど遠い抽象的概念のように見えるが，しかし，それは空想の産物ではない．この世の実在を我々はけっして知ることはできないが，ポインティング・ベクトルはその実在にかなり近いものである．ひょっとすると，我々が実在していると思っているモノやイロやオトなどよりは，はるかに「真実」に近いものかもしれないのである（なぜなら，エネルギーは物理量の中でもっとも普遍的な概念だからである）．

我々は，電気をもった物質から出発して，最後に 真空の空間を光速で伝わるエネルギー密度 という概念まで到達した．歴史的に見れば，電磁気学が確立するまでには，さまざまな試行錯誤や紆余曲折があったに違いないが，こうして完成した理論を通観してみると，その 首尾一貫した美しさ に，1冊の味わい深い哲学書を読んだような気がしないだろうか．

電磁気学にかぎらず，物理を学ぶ目的は，試験で単位を取るためではない．そんなことをいうと，本書のタイトルと矛盾するではないかと思われるかもしれないが，単位を取るためだけの勉強というのは，もっとも効率の悪い勉強法なのである．つねに，この世界はどのようにできているのだろうかという素朴な疑問を抱きながら，芸術品を鑑賞するような，あるいは推理小説を読むような興味をもって物理に取り組めば，楽しく面白く物理が理解でき，その結果，簡単に単位が取れるということになるのである．

本書をここまで読まれた諸君は，相対性理論や量子力学といった，より興味深い次の峰を目指されることを念じてやまない。

APPENDIX 付録

やさしい数学の手引き

●付録1　ベクトル解析

　電磁気学では，力学以上に数学のテクニックが必要になる。とくに，ベクトル解析は決定的に重要である。∇や grad, div, rot などの記号に悩まされて，それで「電磁気はキライだ！」となった人も多いであろう。電磁気に登場するさまざまな数学は，具体的に何をイメージするのか？ ここでは，たんなる数学的説明ではなく，一般のテキストにはなぜか書かれていないイメージとその意味を伝授したいと思う。

　説明はいささかくどいと思われるかもしれないが，grad, div, rot のきちんとした理解なくして電磁気学の理解はありえない。面倒がらずに繰り返し説明を熟読頂きたい。この付録がよく分かれば，それで電磁気学の1/3くらいは分かったといっても過言ではないのである。

　（物理で使う数学の根底には，微分の考え方があるが，そもそも微分とは何かということについては，『力学ノート』の付録を参照してほしい。）

●ベクトルのスカラー積とベクトル積

　ベクトルのスカラー積とベクトル積については，『力学ノート』ですでにおなじみではあるが，もう一度復習しておこう。

(1)　**スカラー積**

　スカラー積は，そもそも仕事という物理量を導いたときに出てきた考え方である。

　図において，物体を x 方向に動かすとき，力 $\boldsymbol{F}$ がどれだけ寄与するかといえば，x にそった $F\cos\theta$ だけであって，x に直角な $F\sin\theta$ はまったく仕事に寄与しない。

図A-1 ● $F\cos\theta$ は仕事に寄与するが，$F\sin\theta$ は寄与しない。

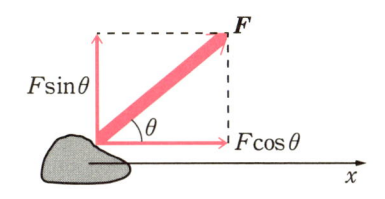

　こうして，一般にベクトル A とベクトル B のスカラー積とは，ベクトル A の大きさに，ベクトル B のベクトル A に「落とした影」の成分の大きさをかけたものと定義されるのであった（もちろん，A と B を逆にしても同じ）。

図A-2 ● $A \cdot B = |A||B|\cos\theta$

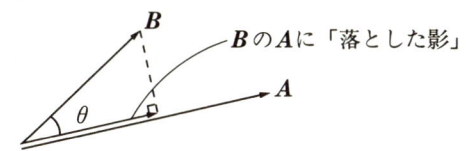

　その結果は，ベクトル A とベクトル B のかけ算の効果のようなもので，値はスカラー，すなわちたんなる数である（もちろん，負になることもある）。

　さて（分かりやすく x-y 平面だけを考えるが），どんなベクトルも x 方向と y 方向の成分の和として表すことができる。

図A-3 ● $A = 4i + 3j$

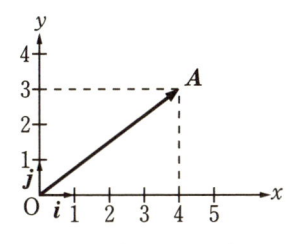

　たとえば図のような長さ5センチメートルのベクトル A を考えよう。このベクトルは，x（の正）方向を向いた長さ1センチメートルのベクトル i と，y（の正）方向を向いた長さ1センチメートルのベクトル j（これらを**単位ベクトル**と呼ぶ）を使えば，

$$A = 4i + 3j$$

と書くことができる。

それゆえ，ベクトルの演算(スカラー積やベクトル積のこと)は，分解してしまえば，単位ベクトル i や j 同士の演算となるはずである(難しい話ではない。チーム A とチーム B で，将棋のリーグ戦をやるということは，分解してしまえば，それぞれのメンバー(単位参加者)同士の対戦の寄せ集めということである)。

そんな考え方に立てば，ベクトルのスカラー積とは，図のように，

図A-4●同じ方向のかけ算は1，直角のかけ算は0。

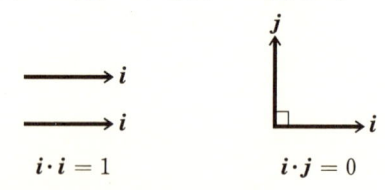

$$i \cdot i = 1 \qquad i \cdot j = 0$$

① i 同士のかけ算は(互いに寄与するから)　1

② i と j とのかけ算は(互いに寄与しないから)　0

ということである。いうまでもなく，

③ i と $-i$ のかけ算は(マイナスに寄与するから)　-1

である。

ついでに述べれば，上のことから，任意の(x-y 平面上の)ベクトル A と B のスカラー積は，

$$A \cdot B = A_x B_x + A_y B_y$$

であることは明らかである。$A_x B_x$ と $A_y B_y$ は，それぞれ i 同士，j 同士のかけ算の項に出てくる係数であり，$A_x B_y$ や $A_y B_x$ といった項は i と j のかけ算ゆえ 0 になるからである。

(2) **ベクトル積**

ベクトル積は，スカラー積と違って，ちょっと変わった演算である。A と B のかけ算は，A の方向でもない，B の方向でもない，それぞれに直角の方向を向くベクトルになるのであった(なぜそんなソッポを向くのかといぶかしく思う人もいるだろう。たしかにその通りで，じつはベクトル積の結果としてできるベクトル(これを**軸性ベクトル**と呼ぶ)は，本当はベクトルではなく，数学の言葉でテンソルと呼ばれる量なのである。しかし，テンソルについては，本書ではまだ必要がないのでふれない)。

そもそも，ベクトル積を導入した理由は，モーメントや角運動量という，回転がからんだ量 にあった。

長さ r の位置ベクトルに，大きさ F のベクトルをかけると，その回転の効果は，F の r に対する直角な成分 $F\sin\theta$ だけが効き，またその方向は r と F が x-y 平面上にあるとすれば，z 方向を向くのであった（右ねじをひねったときに，ねじの進む方向）。

図A-5 $r \times F$ の向きは，r から F へねじをひねる。
$F\sin\theta$ は回転に効くが，$F\cos\theta$ は回転に効かない。
すなわちその大きさは $|r||F|\sin\theta$。

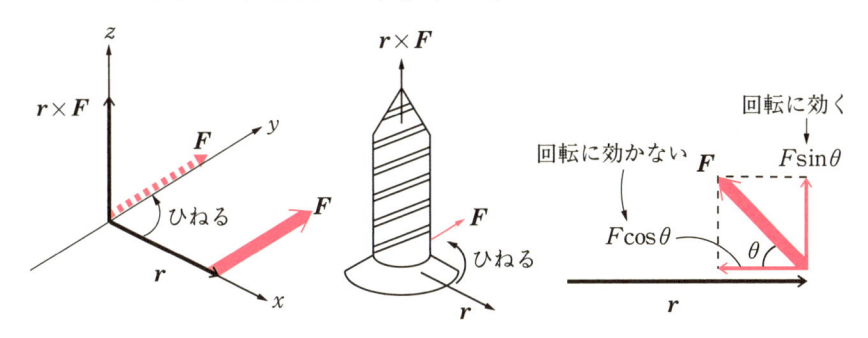

さて，ベクトル積の演算もまた，分解すれば単位ベクトルの演算に帰着することは，スカラー積と同じである。ただし，こんどは z 軸（の正）方向の単位ベクトル k も動員して，図のようになる。

図A-6 i から i では回転しない。
i から j では，k（z軸正）方向にねじが進む。
j から i では，$-k$（z軸負）方向にねじが進む。

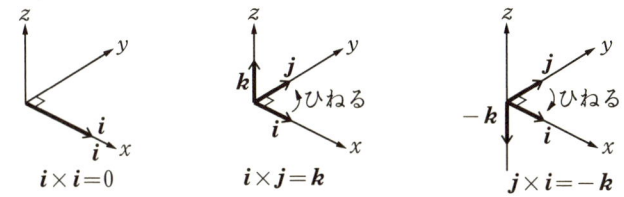

$i \times i = 0$ $i \times j = k$ $j \times i = -k$

① i 同士のかけ算は（回転しないから）　0
② i と j とのかけ算は（寄与してねじが進むから）　k（長さ1で z 方向）

ベクトル積は，順序に気をつけて，
③ j と i とのかけ算は（逆方向にねじが進むから）　$-k$

である。

　ついでにいえば，以上のことより，任意の(x-y平面上の)ベクトル A と B のベクトル積の z 成分は，

$$A_xB_y - A_yB_x$$

となることは，明らかである。A_xB_y は i と j のかけ算の係数であり，A_yB_x は j と i のかけ算の係数だからである(A_xB_x や A_yB_y の項はもちろん 0)。また以上のことを，x-y-z 空間の 3 次元ベクトルに拡張しても，同様のことが得られるはずである。

　以上は，ベクトル解析の基本である。しっかりとイメージを焼きつけておいてほしい。

●偏微分

　電磁気学の基本的な考え方は，本文でもふれているように，「場」という概念である。空間の各点各点に，目には見えないが，その点の性質を示すスカラーやベクトルがくっついているという考え方である。そこで，いろいろな物理量は，空間の各点各点の関数，すなわち x, y, z の関数ということになる(さらに，それらが時間的に変化するとすれば，時間 t の関数となる)。

　そうすると，ある場の量 f の微分とは，何をさしてそういうのだろう？ということが問題になる。しかし，これについては次項で述べることにして，とりあえず，x, y, z のうち，y, z は忘れてしまおう。つまり，y や z は変化しない(変数でない)とみなし，f を x だけの関数と考えて微分するとき，これを**偏微分**と呼ぶのである(じつに単純明快である)。

　初歩的な計算をやってみる。

$$f = x^2 + 3y^3 + 5z + 1$$

という場(関数)があったとする。このとき，f の x に関する偏微分は(y や z の項も 1 と同じ定数とみなして)，

$$\frac{\partial f}{\partial x} = 2x$$

である。もちろん，

$$\frac{\partial f}{\partial y} = 9y^2$$

$$\frac{\partial f}{\partial z} = 5$$

である。

ここまでは簡単。それではいよいよ全微分である。

●全微分

電磁気学にかぎらず，物理ではしばしば次の数学公式を使う。

$$\Delta f = \frac{\partial f}{\partial x}\Delta x + \frac{\partial f}{\partial y}\Delta y + \frac{\partial f}{\partial z}\Delta z$$

（Δ を d としても，同じようなものである。）

$\partial f/\partial x$ などが偏微分であるのに対して，Δf は**全微分**と呼ばれる。しかし，それにしても，この公式は何を意味するのだろうか。そのことを理解しないまま，この公式を丸暗記するなどは愚の骨頂といわねばならない。この公式には，明快な物理的イメージがあるのである。

話を簡単にするため，x-y の 2 次元空間に次元を落として調べてみよう。つまり，場の量 f は，x-y 平面上で定義された量で，かつスカラーとしておけば，f は x-y 平面上を覆う曲面でイメージできるであろう。

図A-7●スカラー場 f は，x-y 平面上を覆う曲面で表される。

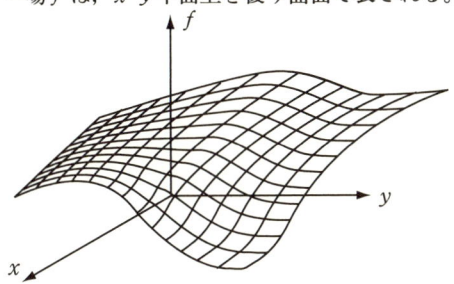

ここで曲面 f の微小な領域に着目する。どれくらい微小かというと，『力学ノート』の微分の説明でおなじみのように，曲面がもはや曲面ではなく，平面に見える領域である。その領域を，x 方向に Δx，y 方向に Δy の小さな長方形にとると，f はその上に（一般的にいえば斜めに）乗っ

かる平らなガラス板のようなものである。

図A-8 ●位置がΔxかつΔyだけ変化したときのfの変化分(全微分)は，Δxだけ変化したときの$\frac{\partial f}{\partial x}\Delta x$と$\Delta y$だけ変化したときの$\frac{\partial f}{\partial y}\Delta y$の和である。

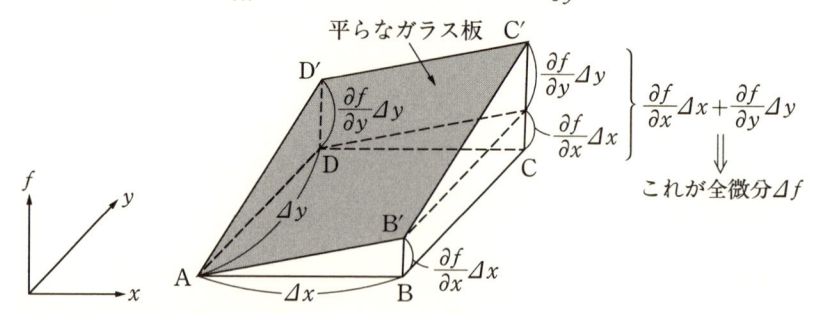

図の長方形ABCDが領域$\Delta x, \Delta y$であり，AB'C'D'がその上に斜めに乗るガラス板である。

さて，微分とは図形的には傾斜であったから，$\partial f/\partial x$という量は，このガラス板のx方向だけに着目したときの傾斜であり，その傾斜に領域の長さΔxをかけたものは，fのx方向の増加分である。つまり，図のBB'の長さが$\frac{\partial f}{\partial x}\Delta x$に他ならない。

同じことがy方向についてもいえるから，図のy方向の増加分DD'が$\frac{\partial f}{\partial y}\Delta y$である。さて，点Aから$x$方向に$\Delta x$，$y$方向に$\Delta y$だけ移動した点Cで$f$はどれだけ増加しているかといえば，図から明らかなように，$\frac{\partial f}{\partial x}\Delta x$と$\frac{\partial f}{\partial y}\Delta y$の合計である。そしてこれこそが，$f$の全体の増加分に他ならないから，これを$f$の全微分と呼び，$\Delta f$と書いておくのである。ということで，けっきょく，

$$\Delta f = \frac{\partial f}{\partial x}\Delta x + \frac{\partial f}{\partial y}\Delta y$$

この関係は，そのまま3次元に拡張されるだろうから(とはいえ，それを図形としてイメージするのは困難であるが)，当初に挙げた公式が成立するということになる。

以上のようなことを準備として，それでは電磁気学の初心者を最初に悩ます，例の∇記号のイメージ理解に入ることにしよう。

● grad ψ (∇ψ)（グラディエント，日本語では傾斜）の意味

　ψを電位（あるいは力学のポテンシャル・エネルギー）のようなスカラー場であるとする。つまり，2次元空間に次元を落として描けば，ψは全微分で例にした f と同じ曲面であり，微小部分 $\varDelta x$, $\varDelta y$ の範囲で見れば，平らなガラス板である。

図A-9●すり鉢状の2次元ポテンシャルψ

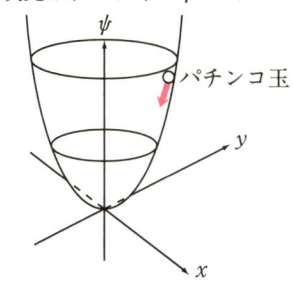

パチンコ玉が転がり落ちる方向（ただし正負逆）を向き，その大きさが傾きそのものであるようなベクトルが，∇ψ(grad ψ)である。

　ここで，曲面 ψ の上に小さなパチンコ玉を置くと（暗黙のうちに，ψ座標のマイナス方向に重力のような一様な力が働いていると仮定しているのだが），パチンコ玉は曲面の最大傾斜線の方向に転がり落ちるであろう。この最大傾斜線の方向（ただし，便宜上のことにすぎないが，パチンコ玉の落ちるのとは逆のプラス方向）をその向きとし，その最大傾斜そのものを大きさとするベクトルを考えよう。

　こういうベクトルをなぜ考えるかといえば，力学における重力とそのポテンシャルの関係を思い起こして頂くとよい（『力学ノート』62ページ参照）。

　重力ポテンシャルというスカラー場が与えられれば，力はそのスカラー場の最大傾斜（のマイナス方向）を向くベクトルとして，きわめて直感的なイメージが描けるからである。もちろん，静電気力においても，まったく同様の関係が成立する。電磁気力においては，重力よりなお一層，場というものの考え方を重視するので，gradという概念がしょっちゅう登場するのである。

　さて，このようにψというスカラー場の最大傾斜として定義されたベクトル（これを A と書いておこう）の成分を調べると，

$$A_x = \frac{\partial \psi}{\partial x}, \ A_y = \frac{\partial \psi}{\partial y}$$

となる。

　この証明は，さほど難しくないが，いささか繁雑なので省略する。各自，練習問題として試みられよ。

　以上の結果を，3次元空間に「格上げ」すれば，3次元のスカラー場 ψ に対する同様のベクトルが定義できる。すなわち，それが ∇ に他ならない。

　$\nabla \psi$ あるいは $\mathrm{grad}\, \psi$ とは，その x, y, z 成分が，

$$\frac{\partial \psi}{\partial x}, \ \frac{\partial \psi}{\partial y}, \ \frac{\partial \psi}{\partial z}$$

であるようなベクトルであり，その直感的イメージは，スカラー場 ψ の最大傾斜の方向を向き，傾斜が大きければ大きいほどその値も大きなベクトルのことである。

● 「ちゅうぶらりん」ベクトル ∇ の導入

　さて，ここからはいささか抽象的ではあるが，とても面白く，かつ物理学にとってはきわめて重要な「飛躍」をおこなってみよう。抽象的とはいっても，∇ が傾斜を意味したことをしっかりと把握しておけば，難しくはない。

　$\nabla \psi$ は，(最大傾斜の方向を向く)ベクトルであった。ψ はもちろんスカラーである。では，(成分に書き直さず)記号 $\nabla \psi$ だけを見たときに，どこにベクトルがあるのだろうか。むろん，こういう問いかけは「詭弁的」である。$\nabla \psi$ 自身に深い意味があるわけではなく，そう書くように約束しただけなのだから。しかし，この「詭弁」を逆用して，∇ という記号そのものがベクトルなのだと考えてみよう (よく活字を見て頂くと分かるように，∇ の2辺は太い。A を $\boldsymbol{A}$ と書けばベクトルを表すように，∇ もまたベクトルを表す。そういう意図が最初からあるのである)。

　ではベクトル ∇ とは，どんな向きをもち，どんな成分をもつのか。む

ろん，それは ψ が与えられないと決まらない。∇ はベクトルといっても，ふつうのベクトルと違い 「ちゅうぶらりん」のベクトル なのである（ベクトルにかぎらないが，こういうちゅうぶらりん状態の量を，**演算子**と呼ぶ）。

図A-10● $\frac{\partial}{\partial x}, \frac{\partial}{\partial y}, \frac{\partial}{\partial z}$ はちゅうぶらりんではあるが，∇ はベクトルとみなせる。

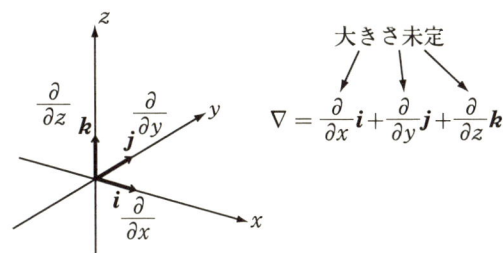

ここで，∇ を強引にベクトルとみなすと，その成分は，

$$\left(\frac{\partial}{\partial x}, \frac{\partial}{\partial y}, \frac{\partial}{\partial z}\right)$$

である。あるいは，

$$\nabla = \frac{\partial}{\partial x}\boldsymbol{i} + \frac{\partial}{\partial y}\boldsymbol{j} + \frac{\partial}{\partial z}\boldsymbol{k}$$

と書くこともできる。

この「ちゅうぶらりん」状態から，右に何か（スカラー，あるいはベクトル）がくれば，その時点で全体が決定されるのである。では，スカラー ψ の代わりにベクトル $\boldsymbol{A}$ がくるとどうなるであろうか。

● div $\boldsymbol{A}$ （$\nabla\cdot\boldsymbol{A}$）（ダイヴァージェンス，日本語では発散）の意味

ベクトル $\boldsymbol{A}$ の成分を (A_x, A_y, A_z) として，「ちゅうぶらりん」ベクトル ∇ とベクトル $\boldsymbol{A}$ のスカラー積を考えてみよう。

ベクトルのスカラー積の定義から，これはすぐに，

$$\nabla\cdot\boldsymbol{A} = \frac{\partial A_x}{\partial x} + \frac{\partial A_y}{\partial y} + \frac{\partial A_z}{\partial z}$$

となるはずである。こういう量（もちろんスカラー量）があることは分かるが，その具体的な意味は何であろうか。

任意のベクトル $\boldsymbol{A}$ ではイメージがわきにくいから，静電気力の法則

(ガウスの法則)，
$$\mathrm{div}\,\boldsymbol{D} = \rho$$
を考えてみよう。

　この法則が難しく感じられるのは，大きさのない一点の法則だからである。いかに微小といえども，なにがしかの空間を想定しなければ，イメージのしようがないではないか。

　そこで，ぜひお勧めしたいのは，いつも，この式に微小ではあるが大きさをもった体積 $\varDelta V$ をかけてイメージしてみることである。
$$\mathrm{div}\,\boldsymbol{D}\,\varDelta V = \rho\,\varDelta V$$
　右辺は，ρ を電荷密度として，この体積の中にある電気量の合計になる。

図A-11●div$\boldsymbol{D}\varDelta V$ は，体積$\varDelta V$から「発散する」電束の合計である。

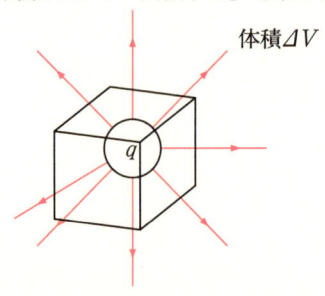

　さて，式の左辺は何を意味するだろうか。$\varDelta V = \varDelta x \varDelta y \varDelta z$ として，計算してみる。
$$\mathrm{div}\,\boldsymbol{D}\,\varDelta V = \left(\frac{\partial D_x}{\partial x} + \frac{\partial D_y}{\partial y} + \frac{\partial D_z}{\partial z}\right)\varDelta x \varDelta y \varDelta z$$

　ここで $\partial D_x/\partial x$ の項だけをまず取り上げよう（x で成立することは，y でも z でも成立するだろう）。
$$\frac{\partial D_x}{\partial x}\varDelta x \varDelta y \varDelta z = \frac{\partial D_x}{\partial x}\varDelta x \cdot \varDelta y \varDelta z$$
の $\dfrac{\partial D_x}{\partial x}\varDelta x$ は，偏微分の項で見たように，$\varDelta x$ だけ変化したときの D_x の増加分である。さらに，$\boldsymbol{D}$ は（電束）密度であるから，D_x に $\varDelta y \varDelta z$ をかけたものは，$\varDelta y \varDelta z$ を通過する電束の本数ということになる。つまり，
$$\frac{\partial D_x}{\partial x}\varDelta x \cdot \varDelta y \varDelta z \quad (=\{D_x(x+\varDelta x) - D_x(x)\}\varDelta y \varDelta z)$$

図A-12● $D_x(x+\Delta x)\Delta y\Delta z$ は「出ていく」電束，$D_x(x)\Delta y\Delta z$ は「入ってくる」電束。

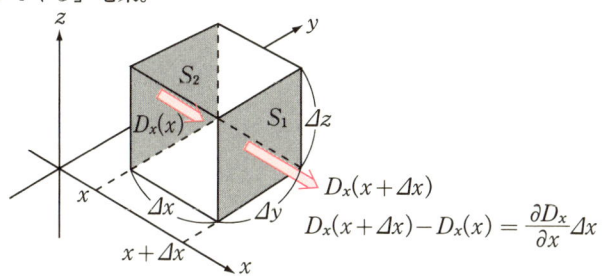

$$D_x(x+\Delta x)-D_x(x) = \frac{\partial D_x}{\partial x}\Delta x$$

は，図の面 S_1 を通過する電束と面 S_2 を通過する電束の差額分である。ΔV から出ていく(発散する)電束の本数を考えると，S_1 は発散でプラス，S_2 は吸い込みでマイナスだから，けっきょく，上式は面 S_1 と面 S_2 から出ていく(発散する)電束の合計本数ということになる。

D_y に対する $\Delta z\Delta x$，D_z に対する $\Delta x\Delta y$ も同じことを意味するから，けっきょく，

$$\mathrm{div}\,\boldsymbol{D}\,\Delta V = q \quad (\Delta V \text{ 内の電荷の合計})$$

がいっていることは，体積 ΔV の中に電荷 q があるとき，ΔV から合計 $\mathrm{div}\,\boldsymbol{D}\,\Delta V$ 本の電束が発散しているということである。

ところで，上の議論から(ΔV を $\mathrm{d}V$ と書いてしまうが)，

$$\mathrm{div}\,\boldsymbol{D}\,\mathrm{d}V$$

は，式をよく見ると，(出ていく電束)密度×面積のことであったから，

$$\int_V \mathrm{div}\,\boldsymbol{D}\,\mathrm{d}V = \int_S \boldsymbol{D}\cdot\mathrm{d}\boldsymbol{S}$$

がいえる(正確には，$\boldsymbol{D}\cdot\mathrm{d}\boldsymbol{S}$ は，ベクトル $\boldsymbol{D}$ と面 $\mathrm{d}S$ に対して垂直な外向きの単位ベクトル $\boldsymbol{n}$ の内積，$\boldsymbol{D}\cdot\boldsymbol{n}\mathrm{d}S$ である。図参照)。

図A-13● $\int_V \mathrm{div}\,\boldsymbol{A}\,\mathrm{d}V$ の意味は，表面から出ていく $\boldsymbol{A}$ の合計，すなわち $\int_S \boldsymbol{A}\cdot\boldsymbol{n}\mathrm{d}S$。

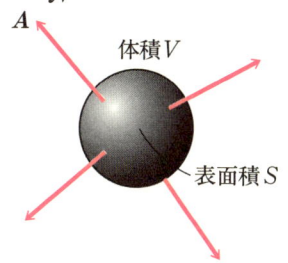

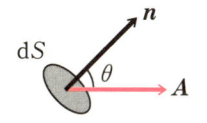

$\boldsymbol{A}$ に対して面が傾いていると，$\boldsymbol{A}$ の合計は $A\mathrm{d}S\cos\theta$ となるから，$\boldsymbol{A}\cdot\boldsymbol{n}\mathrm{d}S$ としておかねばならない。

D は電束密度にかぎらず任意のベクトルでよいから，A で表しておくと，

$$\int_V \operatorname{div} A \, dV = \int_S A \cdot n \, dS$$

これは，体積積分とその表面の面積積分の関係を示す公式で，**ガウスの定理**と呼ばれる（「ガウスの法則」は電磁気学の法則，「ガウスの定理」はつねに成立する数学の公式である）。div が発散を意味するというのも，div A を体積で積分したものが，そこから発散している A の合計を示しているからである。

以上が div A，すなわちベクトル ∇ とベクトル A のスカラー積の意味である。

● rot A ($\nabla \times A$)（ローテーション，日本語では回転）の意味

さて，いよいよ rot の登場である。

ベクトル ∇ とベクトル A のベクトル積は，何を意味するのだろうか。ベクトル積であるから，少なくとも 何かの回転である ということは間違いない。この「回転」というイメージさえ押さえておけば，rot A も難しくないはずである。

たとえば，$\nabla \times A$ の z 成分を見てみよう。その定義から，

$$(\nabla \times A)_z = \frac{\partial A_y}{\partial x} - \frac{\partial A_x}{\partial y}$$

図A-14

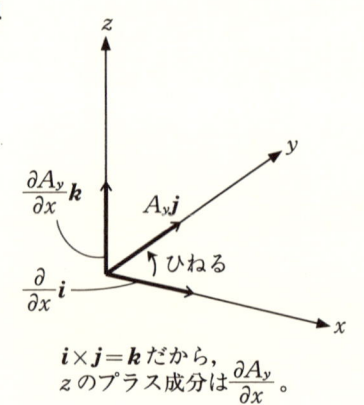

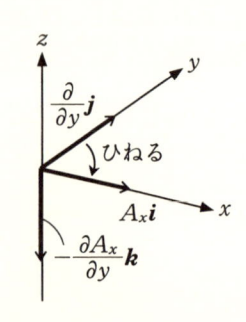

$i \times j = k$ だから，
z のプラス成分は $\frac{\partial A_y}{\partial x}$。

$j \times i = -k$ だから，
z のマイナス成分は $\frac{\partial A_x}{\partial y}$。

このz成分が，上式のようにプラスの $\partial A_y/\partial x$ とマイナスの $\partial A_x/\partial y$ の2項になることは，図を描けばよく分かる。ベクトル積の項で述べた，$i \times j$ と $j \times i$ の2つだけが0とならずに(プラスとマイナスで)「生き残る」からである。

さらに，その大きさが何を意味するかを直感的に考えてみよう。それには，力学の円運動で登場した，速度と角速度のベクトルを考えてみるのが分かりやすい。

図A-15● ベクトル $\boldsymbol{\omega}$ は，向きが $\boldsymbol{r}$ から $\boldsymbol{v}$ にひねり，大きさは $v = r\omega$ より $\omega = \dfrac{v}{r}$。

$$v = \boldsymbol{\omega} \times \boldsymbol{r}$$

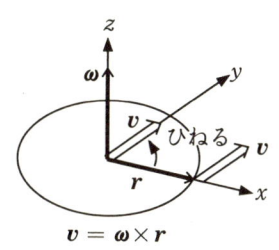

図で，r が x 軸方向，v が y 軸方向を向いていると，角速度のベクトルは z 軸を向く(ように取り決める)。よって，$\boldsymbol{\omega}$ は $\boldsymbol{r}$ から $\boldsymbol{v}$ の方向へ(右)ねじをひねるとき，ねじの進む方向である。そして，その大きさは，$v = r\omega$ の関係から，$\omega = v/r$ となる。この v/r と，$\partial A_y/\partial x$ を比べてみれば，∂ の記号はどうでもよいとして，その大きさを距離で割り算しているという共通性があるから，$\boldsymbol{A}$ と $\nabla \times \boldsymbol{A}$ の関係は，まさに円運動における速度 $\boldsymbol{v}$ と角速度 $\boldsymbol{\omega}$ の関係と同じだということが分かる。

つまり，$\boldsymbol{A}$ を何か流速のようなものだとみなすと，$\nabla \times \boldsymbol{A}$ はその流速の回転の効果を見る角速度のようなものなのである。

図A-16● (c)の説明。v を円周にそって全部足すと，$2\pi r v$。円の面積は πr^2 だから，ω は(係数2は別にして) v を円周にそった合計を円の面積で割ったものに等しい。

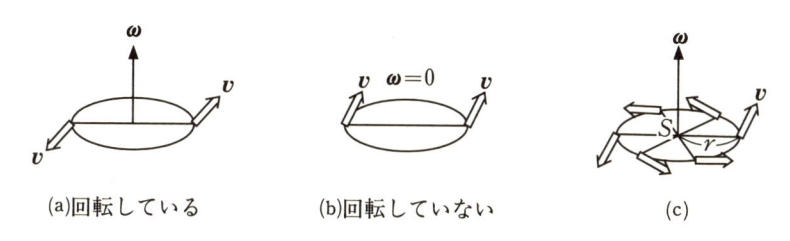

(a)回転している　　(b)回転していない　　(c)

たとえば，図(a)のように，点 O の周りを v が回転するようにとりまいていれば，角速度 ω が発生するが，図(b)のようであれば回転の効果がなく $\omega=0$ である。

これをもう少し追究して，図(c)のように円周にそってずっと v がとりまいていたとすると，回転の効果は v に円周の長さ $2\pi r$ をかけたものになりそうである（$2\pi rv$）。ところで，ω の大きさは，v/r であるから，回転の効果 $2\pi rv$ を $2\pi r^2$ で割り算すれば ω の大きさになる。$2\pi r^2$ は，図の円の面積の 2 倍である。ここで係数 2 はどうでもよいとすれば，v を円周にそって合計し，それを円の面積で割ったもの（すなわち面積密度）が，（係数 2 だけは別にして）ω そのものということになる。

以上のような直感的イメージが，$\nabla \times \boldsymbol{A}\,(\operatorname{rot}\boldsymbol{A})$ のすべてである。では，きちんと恰好をつけないと気がすまない人のために，同じことをそれらしく計算してみよう。

図A-17 経路 1, 2 はプラス，経路 3, 4 はマイナスとして計算。

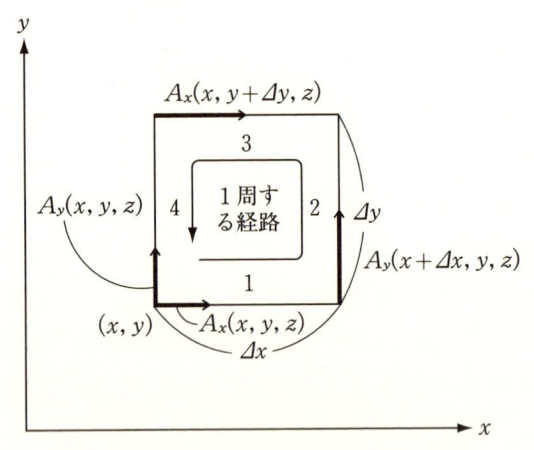

図のように，x-y 平面上に微小な長方形（面積 $\Delta x \Delta y$）をとる。そして，（場の）ベクトル $\boldsymbol{A}$ が，この長方形を（左）回転させる効果を計算してみよう。分かりやすく $\boldsymbol{A}$ の成分 A_x, A_y は，すべて正方向を向いている図にしておく。すると，辺 1 に沿う $A_x(x, y, z)$ は長方形を左回転させようとするが，辺 3 に沿う $A_x(x, y+\Delta y, z)$ は右回転させようとする。すなわちマイナスである。同じく辺 2 に沿う $A_y(x+\Delta x, y, z)$ はプラスだが，辺 4 に沿う $A_y(x, y, z)$ はマイナスである。そこで，上の円運動で v を円周にそって足し合わせたのと同じことをすれば，

経路1＋経路2－経路3－経路4
$$= A_x(x, y, z)\Delta x + A_y(x+\Delta x, y, z)\Delta y - A_x(x, y+\Delta y, z)\Delta x - A_y(x, y, z)\Delta y$$
$$= \{A_y(x+\Delta x, y, z) - A_y(x, y, z)\}\Delta y - \{A_x(x, y+\Delta y, z) - A_x(x, y, z)\}\Delta x$$

ここで例のごとく偏微分の考え方を使えば，
$$= \frac{\partial A_y}{\partial x}\Delta x \cdot \Delta y - \frac{\partial A_x}{\partial y}\Delta y \cdot \Delta x$$
$$= \left(\frac{\partial A_y}{\partial x} - \frac{\partial A_x}{\partial y}\right)\Delta x \Delta y$$

じっくり見るまでもなく，この式のかっこ内は$\nabla \times \boldsymbol{A}$の$z$成分であり，$\Delta x \Delta y$は長方形の面積である。すなわち，

(回転の効果を足したもの)＝($\nabla \times \boldsymbol{A}$の大きさ)×(経路で囲まれる面積)

つまり$\nabla \times \boldsymbol{A}$は，経路にそって回転の効果を足したものを，その経路で囲まれる面積で割ったもの(すなわち面積密度)である。(係数2の違いはあるが)これは，速度と角速度の関係に他ならない。

図A-18 共通する微小な経路は全部打ち消し合って，外周を1周する大きな経路が残る。

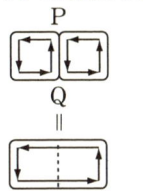

PQの経路は互いに逆向きなので打ち消し合う

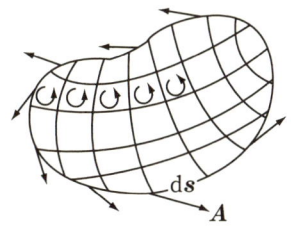

以上の微小な部分の計算は，上図から分かるように，どんどん面積を拡げていくことができる。そして，経路にそった足し算は，線積分と呼ばれ，記号$\oint_C$で書かれる。ベクトル$\boldsymbol{A}$と経路とのかけ算は，線素ベクトル$\mathrm{d}\boldsymbol{s}$なるものを考えれば，$\boldsymbol{A}$と$\mathrm{d}\boldsymbol{s}$のスカラー積である。
また，$\nabla \times \boldsymbol{A}$と微小面積$\Delta x \Delta y$ (＝$\mathrm{d}S$としておく)のかけ算は，正確にいえば，$\nabla \times \boldsymbol{A}$の$\mathrm{d}S$に直角な成分(それを$(\nabla \times \boldsymbol{A})_n$としておく)と$\mathrm{d}S$のかけ算であるから，正確に書くなら，

$$\oint_C \boldsymbol{A} \cdot \mathrm{d}\boldsymbol{s} = \int_S (\nabla \times \boldsymbol{A})_n \cdot \mathrm{d}S$$

図A-19 $(\nabla \times A)_n$ は，$\nabla \times A$ の dS に垂直な成分。

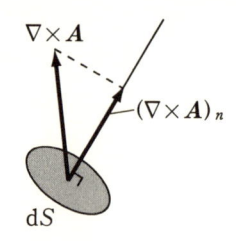

となる。これが有名な**ストークスの定理**である。ガウスの定理は，体積積分と面積積分の関係であるが，ストークスの定理は，線積分と面積積分の関係である。

　細かい記号はどうでもよろしい。この定理の意味は，ある場のベクトル A を任意の経路で足し算して1周すれば，それはその経路を境界とする任意の曲面をつらぬいて出ていくベクトル $\nabla \times A$ の合計に等しいということである。くどいようだが，記号はどうでもよい。ポイントはイメージである。

図A-20 磁場 H を1周足した量 $\oint_C H \cdot ds$ は，その閉曲線経路をつらぬく電流の合計 $i_1 + i_2 + \cdots$ に等しい。

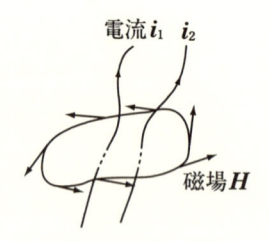

　たとえば，$H = \nabla \times A$ という式を見たとき，そのイメージは，磁場 H というものは，あるベクトル場 A の回転の効果として H が生まれるのだ，というようなことである。あるいは，$i = \nabla \times H$ は，磁場 H の回転の効果を調べれば，そこをつらぬく電流（密度）i が分かるというようなことである（もっとも，電流と磁場の関係は，物理的には電流が原因であり，磁場はその結果である）。

●その他の簡単な公式

grad, div, rot のそれぞれのイメージは，大体お分かり頂けたであろうか。

最後に，それらを組み合わせた簡単な，しかし重要な公式を紹介しておく。

(1) $\nabla \cdot (\nabla \psi)$　**ラプラシアン**

スカラー場 ψ の grad（というベクトル）の div は，簡単に分かるように，

$$\nabla \cdot (\nabla \psi) = \frac{\partial^2 \psi}{\partial x^2} + \frac{\partial^2 \psi}{\partial y^2} + \frac{\partial^2 \psi}{\partial z^2}$$

である。

$$\frac{\partial^2}{\partial x^2} + \frac{\partial^2}{\partial y^2} + \frac{\partial^2}{\partial z^2}$$

は，ラプラシアンと呼ばれ，しばしば ∇^2 と書かれる。電磁気にかぎらず，物理のさまざまな場面で登場する演算子である。

図A-21●$\nabla^2 \psi$ のイメージ

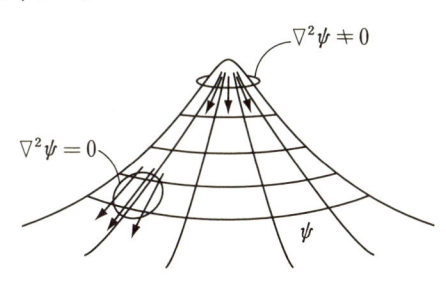

(2) $\nabla \times (\nabla \psi) = 0$

grad の rot は，つねに 0 である。なぜなら，たとえばこのベクトルの z 成分を書いてみると，

$$(\nabla \times (\nabla \psi))_z = \frac{\partial}{\partial x}\left(\frac{\partial \psi}{\partial y}\right) - \frac{\partial}{\partial y}\left(\frac{\partial \psi}{\partial x}\right)$$

ψ がまともな関数であるかぎり，x と y のどちらから偏微分しても結果は同じだから，上式は 0 である。x, y 成分にも同じことがいえるか

ら，けっきょく
$$\nabla \times (\nabla \psi) = 0$$
たとえば，電場 E がつくる電気力は保存力なので，ポテンシャル ψ を用いて，
$$E = -\nabla \psi$$
と書ける。このことから，つねに，
$$\mathrm{rot}\, E = 0$$
が導かれる。静電場には回転の効果がないというのは物理法則であるが，静電場がポテンシャルをもつ保存場であることから，それは数学的必然としても導かれるのである。

図A-22●発散していく力線で「渦」をつくることはできない。

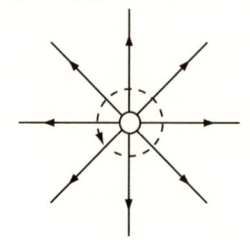

(3) $\nabla \cdot (\nabla \times A) = 0$

rot の div は，つねに 0 である。なぜなら，∇ をベクトルとみなすと，$\nabla \times A$ はつねに ∇ に直角である。よって，∇ と $\nabla \times A$ はつねに直角であるが，互いに直角をなす 2 つのベクトルの内積はつねに 0 だからである。

図A-23●$\nabla \times A$ はつねに ∇ に直角だから，∇ と $\nabla \times A$ のスカラー積はつねに 0。

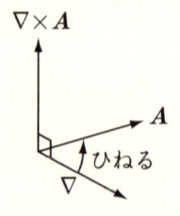

このイメージは，(2)とちょうど逆である。すなわち，

回転する(渦のある)場は，けっして発散しない。

図A-24●回転する場はけっして発散しない。

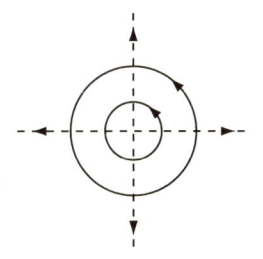

これもまた，証明抜きではあるが，重要な定理に導かれる。

> div がつねに 0 となるような場には，必ず $\nabla \times \boldsymbol{A}$ と書けるような場 $\boldsymbol{A}$ が存在する。

この $\boldsymbol{A}$ をベクトル・ポテンシャルと呼ぶ。たとえば，磁場 $\boldsymbol{H}$ は，この世に単独の磁荷なるものが存在しないため，つねに，

$$\operatorname{div} \boldsymbol{H} = 0$$

である。その結果として，

$$\boldsymbol{H} = \nabla \times \boldsymbol{A}$$

と書けるようなベクトル場 $\boldsymbol{A}$ を必ず想定することができる。

図A-25●磁場 $\boldsymbol{H}$ は，ベクトル・ポテンシャル $\boldsymbol{A}$ の回転の効果として生じる。

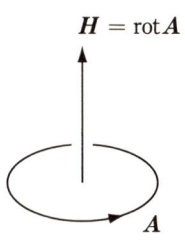

(4) $\nabla \times (\nabla \times \boldsymbol{A})$

このベクトルは，ときどき登場する(講義10, 192 ページ)。

これは，回転の回転であるから，元のベクトル $\boldsymbol{A}$ と同じ平面上にあるベクトルになる。しかし，その表現はさほど単純にはならない。いま，このベクトルの z 成分を計算してみよう。

$$(\nabla \times (\nabla \times \boldsymbol{A}))_z$$

$$= \frac{\partial}{\partial x}(\nabla \times \boldsymbol{A})_y - \frac{\partial}{\partial y}(\nabla \times \boldsymbol{A})_x$$

$$(\nabla \times \boldsymbol{A})_y = \frac{\partial A_x}{\partial z} - \frac{\partial A_z}{\partial x}, \ (\nabla \times \boldsymbol{A})_x = \frac{\partial A_z}{\partial y} - \frac{\partial A_y}{\partial z}$$

を代入して，

$$= \frac{\partial}{\partial x}\left(\frac{\partial A_x}{\partial z} - \frac{\partial A_z}{\partial x}\right) - \frac{\partial}{\partial y}\left(\frac{\partial A_z}{\partial y} - \frac{\partial A_y}{\partial z}\right)$$

$$= \frac{\partial^2 A_x}{\partial x \partial z} - \frac{\partial^2 A_z}{\partial x^2} - \left(\frac{\partial^2 A_z}{\partial y^2} - \frac{\partial^2 A_y}{\partial y \partial z}\right)$$

$$= \frac{\partial^2 A_x}{\partial x \partial z} + \frac{\partial^2 A_y}{\partial y \partial z} - \left(\frac{\partial^2}{\partial x^2} + \frac{\partial^2}{\partial y^2}\right)A_z$$

ここで，ちょっとしたテクニックを使う．$\partial^2 A_z/\partial z^2$ を式の前半に加え，後半で引いても値は同じだから，

$$= \frac{\partial^2 A_x}{\partial x \partial z} + \frac{\partial^2 A_y}{\partial y \partial z} + \frac{\partial^2 A_z}{\partial z^2} - \left(\frac{\partial^2}{\partial x^2} + \frac{\partial^2}{\partial y^2} + \frac{\partial^2}{\partial z^2}\right)A_z$$

$$= \frac{\partial}{\partial z}\left(\frac{\partial A_x}{\partial x} + \frac{\partial A_y}{\partial y} + \frac{\partial A_z}{\partial z}\right) - \left(\frac{\partial^2}{\partial x^2} + \frac{\partial^2}{\partial y^2} + \frac{\partial^2}{\partial z^2}\right)A_z$$

第1項のかっこ内は $\nabla \cdot \boldsymbol{A}$ であり，第2項のかっこ内は ∇^2 であるから，けっきょく，

$$\nabla \times (\nabla \times \boldsymbol{A}) = \nabla(\nabla \cdot \boldsymbol{A}) - \nabla^2 \boldsymbol{A}$$

となることが分かる．

　この公式の物理的意味はイメージしにくいが，もし $\nabla \cdot \boldsymbol{A} = 0$ という条件があれば，そのイメージは明らかになる（第10講参照）．

●付録2　演習問題 8-1 の数学的補足

$$m\frac{dv_x}{dt} = ev_y B \quad \cdots\cdots ①$$

$$m\frac{dv_y}{dt} = eE - ev_x B \quad \cdots\cdots ②$$

は，連立微分方程式であるが，解き方は簡単である。

式②より，

$$v_x = \frac{E}{B} - \frac{m}{eB}\frac{dv_y}{dt} \quad \cdots\cdots ③$$

式③を式①に代入すると，未知数が v_y だけの方程式になる。E/B の時間微分はもちろん 0 だから，

$$\frac{m^2}{eB}\frac{d^2 v_y}{dt^2} + ev_y B = 0 \quad \cdots\cdots ④$$

この方程式の解は，正弦関数になることが予想されるから，

$$v_y = A\sin\omega t$$

と仮定してみよう (時刻 $t=0$ で $v_y=0$ であり，そこから電子は y の正方向に動き出すことが明らかだから，上式の初期位相は 0 としておいてよいだろう)。

すると，

$$\frac{dv_y}{dt} = A\omega\cos\omega t$$

$$\frac{d^2 v_y}{dt^2} = -A\omega^2 \sin\omega t$$

だから，これらを式④に代入して，

$$-\frac{m^2}{eB}A\omega^2\sin\omega t + eBA\sin\omega t = 0$$

よって，

$$\omega = \frac{eB}{m}$$

また，$v_y = dy/dt$ であるから，

$$y = \int A\sin\omega t\, dt$$

$$= -\frac{A}{\omega}\cos\omega t + C_1 \quad (C_1 \text{は積分定数})$$

$t=0$ で $y=0$ とすれば,
$$0 = -\frac{A}{\omega} + C_1$$
より,
$$C_1 = \frac{A}{\omega}$$

次に, 式③より,
$$v_x = \frac{E}{B} - \frac{m}{eB} A\omega \cos\omega t$$

ここで, $t=0$ で $v_x=0$ とすれば, A の値が求まる.
$$A = \frac{E}{B}$$

また,
$$x = \int v_x \, dt$$
$$= \frac{E}{B}t - \frac{E}{B\omega}\sin\omega t + C_2$$

ただし, $A=E/B$, $\omega=eB/m$ を用いた.
$t=0$ で $x=0$ とすれば,
$$C_2 = 0$$

よって, 以上をまとめれば,
$$x = \frac{E}{B}\Big(t - \frac{1}{\omega}\sin\omega t\Big)$$
$$y = \frac{E}{B\omega}(1 - \cos\omega t)$$

を得る.

●付録 3 　実習問題 8-1 の積分計算

$$\int_0^\pi \frac{\cos\theta}{b+a\cos\theta}\,\mathrm{d}\theta$$

　大学の物理では，さまざまな積分計算が必要になる。それらのすべてに習熟する必要はないが，少なくとも，数学公式集は手許に置き，いざとなれば公式集の形にあてはめて答えを出すくらいはできるようにしておきたい。

　しかし，いつも公式集だよりでは，いつまでたっても積分コンプレックスから抜け出せない。本文でもふれたように，具体的な問題が出てくるたびに，ある程度のテクニックを覚えていくことも重要である。

　三角関数がからんだ積分には独特のうまい解法があるが，たいていは図形を描くと丸暗記せずにすむ。数式だけを見るとなんだか難しく感じるが，図を描くと，中学校の数学程度の知識でこと足りるのである。

　この実習問題の積分は，式自身は簡単であるが，いざ積分計算をしようとすると，初心者泣かせである。公式集にたよらず計算するにはどうしたらよいかの，好例であるので，懇切丁寧に説明してみよう(少々長くなるが，1 つ 1 つのステップは単純なので，根気よくついてきてほしい)。

●基本テクニック

　まず，いろいろな場合に利用できる基本テクニックを紹介しておく。
　一般に，

$$\int F(\cos\theta,\ \sin\theta)\,\mathrm{d}\theta$$

の形の積分は，

$$t = \tan\frac{\theta}{2}$$

と置き換えてやるとうまく計算できる場合が多い。
　なぜ，$\tan\dfrac{\theta}{2}$ なのかというと，図のような直角三角形 ABC を考えてみよう。

付録●やさしい数学の手引き　　**233**

図A-26 $t=\tan\dfrac{\theta}{2}$ の置換をイメージするための図

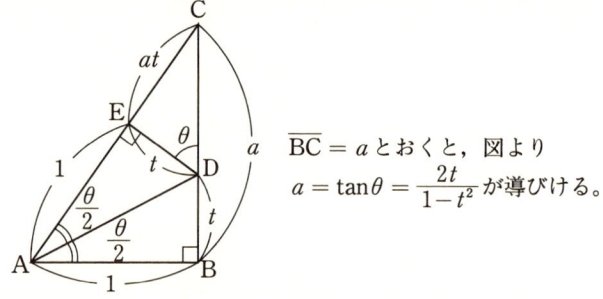

$\overline{BC}=a$ とおくと，図より
$a=\tan\theta=\dfrac{2t}{1-t^2}$ が導びける。

$\angle CAB=\theta$ とし，AD は $\angle\theta$ の二等分線，E は D から AC へおろした垂線の足である。

AB=1, BD=t とすると，$t=\tan\dfrac{\theta}{2}$ である。

BC=a として，図形の性質を考えると，

$$\left.\begin{array}{l} a=\tan\theta=\dfrac{2t}{1-t^2} \\[6pt] \sin\theta=\dfrac{2t}{1+t^2} \\[6pt] \cos\theta=\dfrac{1-t^2}{1+t^2} \end{array}\right\} \quad \cdots\cdots ①$$

などが成立する(各自，試されよ)。これらの関係を，よく頭に入れておいて頂きたい。

次に微分を考えよう。

微分 dθ と dt の関係を調べる。このような変数の変換も，たいていは図を描けばすぐに出てくる。

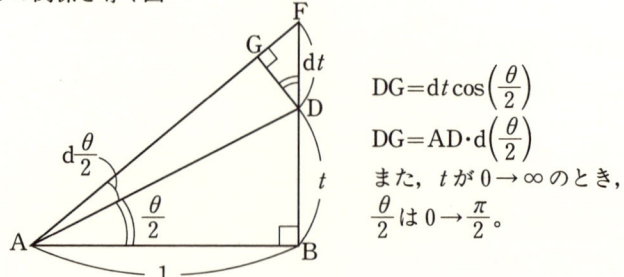

図A-27 dθ と dt の関係を導く図

DG=d$t\cos\left(\dfrac{\theta}{2}\right)$

DG=AD・d$\left(\dfrac{\theta}{2}\right)$

また，t が $0\to\infty$ のとき，
$\dfrac{\theta}{2}$ は $0\to\dfrac{\pi}{2}$。

図のような図形を考えると，t の微小変化 $\mathrm{d}t$ は DF であり，$(\theta/2)$ の微小変化 $\mathrm{d}(\theta/2)$ は，∠DAG である。ここで，DG という長さに着目すると，直角三角形 FDG の関係から，

$$\mathrm{DG} = \mathrm{d}t \cos\frac{\theta}{2}$$

また，DG は半径 AD の円の微小な円弧であるから，

$$\mathrm{DG} = \mathrm{AD}\cdot\mathrm{d}\!\left(\frac{\theta}{2}\right) = \sqrt{1+t^2}\cdot\mathrm{d}\!\left(\frac{\theta}{2}\right)$$

$\cos\dfrac{\theta}{2} = \dfrac{1}{\sqrt{1+t^2}}$ だから，けっきょく，

$$\mathrm{d}\theta = \frac{2\,\mathrm{d}t}{1+t^2} \quad \cdots\cdots ②$$

の関係を得る（2は定数だから，$\mathrm{d}(\theta/2) = \mathrm{d}\theta/2$ としてよい）。

　以上の①，②が，なかなかうまい関係になっているのである。

　例　すこぶる簡単な積分を紹介しよう。②から，

$$\int \mathrm{d}\theta = \int \frac{2\,\mathrm{d}t}{1+t^2}$$

である。積分範囲は，t が 0 から ∞ まで変化する間，$\theta/2$ が 0 から $\pi/2$ まで変化するから，次の積分公式を得る。

$$\int_0^\infty \frac{\mathrm{d}t}{1+t^2} = \frac{1}{2}\int_0^\pi \mathrm{d}\theta = \frac{\pi}{2} \qquad ◆$$

それでは，

$$\int_0^\pi \frac{\cos\theta}{b+a\cos\theta}\,\mathrm{d}\theta$$

を計算しよう。

　分母，分子の両方に $\cos\theta$ がある仮分数だから，こういうときは真分数に直した方が計算しやすい。

$$\frac{\cos\theta}{b+a\cos\theta} = \frac{1}{a}\!\left(1 - \frac{1}{1+\dfrac{a}{b}\cos\theta}\right)$$

定数部分は問題ないから，$a/b = p$ とでもおいて，

$$\int_0^\pi \frac{\mathrm{d}\theta}{1+p\cos\theta}$$

を求めればよいことになる。

ここで，$t=\tan\dfrac{\theta}{2}$ とおくテクニックを使おう。①，②を用いて変数を θ から t に置き換えると，

$$\int_0^\pi \frac{\mathrm{d}\theta}{1+p\cos\theta} = \int_0^\infty \frac{2\,\mathrm{d}t}{(1+p)+(1-p)t^2}$$
$$= \frac{2}{1-p}\int_0^\infty \frac{\mathrm{d}t}{q+t^2}$$

ただし，$q=\dfrac{1+p}{1-p}$ とおいている。どうということはないが，このように積分しやすい形に式を変形していくことが大切である。

$$\int_0^\infty \frac{\mathrm{d}t}{q+t^2}$$

の形は，$t=\sqrt{q}\,z$ とおくと，$\mathrm{d}t=\sqrt{q}\,\mathrm{d}z$ で，$\dfrac{1}{1+z^2}$ の形にもっていける。すなわち，

$$\int_0^\infty \frac{\mathrm{d}t}{q+t^2} = \frac{1}{\sqrt{q}}\int_0^\infty \frac{\mathrm{d}z}{1+z^2}$$

となって，例より右辺の積分は $\pi/2$ である。

つまり，$F(\sin\theta,\cos\theta)$ の積分は，たいていの場合，$\int\dfrac{\mathrm{d}z}{1+z^2}$ の積分に帰着できるのである。

以上をまとめて，

$$\int_0^\pi \frac{\cos\theta}{b+a\cos\theta}\,\mathrm{d}\theta = \frac{\pi}{a}\left(1-\frac{b}{\sqrt{b^2-a^2}}\right)$$

を得る。

索引
INDEX

ア

アース　61
アインシュタイン　11
アンペア　15, 18, 109
　　——の定義　148
アンペールの法則　114, 121, 124
位置エネルギー　34
ウェーバー　15, 109
エネルギー密度
　　磁場の——　203
　　電場の——　203
遠隔力　10
円形コイル　129
演算子　219

カ

回転　222
ガウスの定理　25, 222
ガウスの法則　24, 43, 56, 93, 99, 105
　　電束密度に関する——　103, 104, 106
重ね合わせの原理　42
起電力　168
球面波　203
境界条件　49
鏡像法　58, 63
近接力　10
クーロン(人名)　11
クーロン　15, 18, 109
　　——の法則　6, 13, 18
　　——力　7, 19
屈折の法則　102, 106
グラディエント　217
傾斜　217

原子核　9
コイルのエネルギー　183
後退波　198
交流回路　160
交流発電機　175
コンデンサー　70

サ

サイクロイド　145
作用・反作用の法則　20
磁気エネルギー　185
自己インダクタンス　178
自己誘導　177
磁束　169
　　——密度　139
磁場　10, 127, 188
　　——のエネルギー　185
　　——の力　138, 150
軸性ベクトル　212
自由電子　51
真空のインピーダンス　206
真空の透磁率　109, 139
真空の誘電率　19, 109
進行波　198
真電荷　90
水素原子　16
スカラー積　210
スカラー場　37
ストークスの定理　226
静磁場　108, 113
静電エネルギー　79, 85
　　——の密度　84
静電気力　7, 16, 19
静電遮蔽　68
接地　61
全微分　215
双極子モーメント　28, 96
相対性理論　11, 154
ソレノイド・コイル　123, 132, 179

索引　**237**

タ

ダイヴァージェンス　219
単位ベクトル　211
定常電流　110, 114
電位　35, 136
電荷の保存則　111, 162
電気感受率　101
電気振動　180
電気双極子　28, 40, 90
電気素量　9
電気容量　70, 75, 89, 92
電気力線　20
電子　9, 16, 88
電磁波のエネルギー　203
電磁誘導　173
電束　22
　――密度　22, 92, 97, 98, 100
点電荷　18
電場　10, 20, 35, 98, 127, 136, 188
電流　110
　――密度　110
等速円運動　141
導体　51

ハ

場　9, 10
発散　219
波動方程式　193
万有引力　16, 34
　――の法則　6
ビオ-サバールの法則　125, 129, 137
光の速さ　199
比誘電率　92, 102
ファラデー(人名)　11, 172
分極　89
　――電荷　90
　――ベクトル　96
平行平板コンデンサー　70, 93
平面波　203

ベクトル解析　210
ベクトル積　212
ベクトル・ポテンシャル　137
変位電流　159
偏微分　214
ポアソンの方程式　48
ポインティング・ベクトル　206
保存力　38
ポテンシャル
　スカラー・――　164
　――・エネルギー　38

マ・ヤ

マクスウェル(人名)　11
　――の方程式　13, 188
右ねじ　115
誘電体　89
誘電率　92, 95
誘導起電力　166
陽子　9, 16

ラ

ラプラシアン　48, 227
ラプラスの方程式　48, 194
量子力学　88
レンツの法則　172
ローテーション　222
ローレンツ力　141, 142, 190

欧文

div $\boldsymbol{B} = 0$　189
div $\boldsymbol{D} = \rho$　26, 164, 189
div $\boldsymbol{E}$　25
div $\boldsymbol{E} = \dfrac{\rho}{\varepsilon_0}$　26, 164
div $\boldsymbol{H} = 0$　113, 164, 174
rot $\boldsymbol{E} = -\dfrac{\partial \boldsymbol{B}}{\partial t}$　173, 174, 189
rot $\boldsymbol{H} = \boldsymbol{i} + \dfrac{\partial \boldsymbol{D}}{\partial t}$　159, 164, 189
SI単位系　15, 18

著者紹介

橋元 淳一郎(はしもと じゅんいちろう)

1971年 京都大学理学部物理学科修士課程修了
現　在　相愛大学人文学部教授

NDC427　238p　21cm

単位が取れるシリーズ
単位が取れる電磁気学ノート

2003年　4月10日　第 1 刷発行
2019年　7月29日　第22刷発行

著　者　橋元 淳一郎(はしもと じゅんいちろう)
発行者　渡瀬昌彦
発行所　株式会社 講談社
　　　　〒112-8001　東京都文京区音羽2-12-21
　　　　　販売　(03)5395-4415
　　　　　業務　(03)5395-3615
編　集　株式会社 講談社サイエンティフィク
　　　　代表　矢吹俊吉
　　　　〒162-0825　東京都新宿区神楽坂2-14　ノービィビル
　　　　　編集　(03)3235-3701
印刷所　株式会社廣済堂
製本所　株式会社国宝社

落丁本・乱丁本は、購入書店名を明記のうえ、講談社業務宛にお送りください。送料小社負担にてお取り替えします。
なお、この本の内容についてのお問い合わせは講談社サイエンティフィク宛にお願いいたします。
定価はカバーに表示してあります。
© Junichiro Hashimoto, 2003

本書のコピー、スキャン、デジタル化等の無断複製は著作権法上での例外を除き禁じられています。本書を代行業者等の第三者に依頼してスキャンやデジタル化することはたとえ個人や家庭内の利用でも著作権法違反です。

[JCOPY] 〈(社)出版者著作権管理機構 委託出版物〉
複写される場合は、その都度事前に(社)出版者著作権管理機構(電話 03-5244-5088、FAX 03-5244-5089、e-mail: info@jcopy.or.jp)の許諾を得てください。

Printed in Japan

ISBN4-06-154453-5

講談社の自然科学書

単位が取れるシリーズ
単位が取れる力学ノート	橋元淳一郎／著	本体 2,400 円
単位が取れる熱力学ノート	橋元淳一郎／著	本体 2,400 円
単位が取れる量子力学ノート	橋元淳一郎／著	本体 2,800 円
単位が取れる解析力学ノート	橋元淳一郎／著	本体 2,400 円
単位が取れる流体力学ノート	武居昌宏／著	本体 2,800 円

講談社基礎物理学シリーズ（全12巻）　シリーズ編集委員／二宮正夫・北原和夫・並木雅俊・杉山忠男
0. 大学生のための物理入門	並木雅俊／著	本体 2,500 円
1. 力学	副島雄児・杉山忠男／著	本体 2,500 円
2. 振動・波動	長谷川修司／著	本体 2,600 円
3. 熱力学	菊川芳夫／著	本体 2,500 円
4. 電磁気学	横山順一／著	本体 2,800 円
5. 解析力学	伊藤克司／著	本体 2,500 円
6. 量子力学I	原田勲・杉山忠男／著	本体 2,500 円
7. 量子力学II	二宮正夫・杉野文彦・杉山忠男／著	本体 2,800 円
8. 統計力学	北原和夫・杉山忠男／著	本体 2,800 円
9. 相対性理論	杉山直／著	本体 2,700 円
10. 物理のための数学入門	二宮正夫・並木雅俊・杉山忠男／著	本体 2,800 円
11. 現代物理学の世界	二宮正夫／編	本体 2,500 円

今度こそわかるシリーズ
今度こそわかる場の理論	西野友年／著	本体 2,900 円
今度こそわかるくりこみ理論	園田英徳／著	本体 2,800 円
今度こそわかるマクスウェル方程式	岸野正剛／著	本体 2,800 円
今度こそわかるファインマン経路積分	和田純夫／著	本体 3,000 円
今度こそわかる量子コンピューター	西野友年／著	本体 2,900 円
今度こそわかる素粒子の標準模型	園田英徳／著	本体 2,900 円
今度こそわかるガロア理論	芳沢光雄／著	本体 2,900 円
今度こそわかる重力理論	和田純夫／著	本体 3,600 円

ライブ講義　大学1年生のための数学入門	奈佐原顕郎／著	本体 2,900 円
ディープラーニングと物理学　原理がわかる、応用ができる	田中章詞・富谷昭夫・橋本幸士／著	本体 3,200 円

※表示価格は本体価格（税別）です。消費税が別に加算されます。　　「2019年7月現在」

講談社サイエンティフィク　　http://www.kspub.co.jp/